LEADER-LEGENDE STATT MANAGEMENT-MUFFEL

Scott J. Miller ist seit 23 Jahren für die Management- und Führungskräfteberatung FranklinCovey Co. tätig und ihr Executive Vice President und Chief Marketing Officer. Ein Aufstieg, der nicht ohne persönliche Herausforderungen war, wie er in seinem Buch humorvoll beschreibt. Weitere Inspiration gewann er durch die Moderation von »FranklinCovey On Leadership with Scott Miller«, einem wöchentlichen Webcast, in dem er renommierte Business-Vordenker und Autoren interviewt.

SCOTT JEFFREY MILLER

LEADER-LEGENDE

STATT
MANAGEMENT-MUFFEL

30 Challenges
für Chef*innen, die die Dinge
geregelt kriegen wollen

Aus dem amerikanischen Englisch
von Jordan Wegberg

CAMPUS VERLAG
FRANKFURT/NEW YORK

Die Originalausgabe erschien 2019 bei Mango Publishing Group, a division of Mango Media Inc. unter dem Titel *Management Mess to Leadership Success*. © 2019 by FranklinCovey Co. All rights reserved.

Franklin Covey and the FC logo and trademarks are trademarks of Franklin Covey Co. and their use is by permission.

www.franklincovey.de

ISBN 978-3-593-51380-5 Print
ISBN 978-3-593-44749-0 E-Book (PDF)
ISBN 978-3-593-44748-3 E-Book (EPUB)

Umschlaggestaltung: total italic, Thierry Wijnberg, Amsterdam/Berlin
Layout und Satz: Oliver Schmitt, Mainz
Gesetzt aus: Barlow und Minion
Druck und Bindung: Beltz Grafische Betriebe, Bad Langensalza
Printed in Germany
www.campus.de

Inhalt

Teil 1: Sich selbst führen

Teil 2: Andere führen

Teil 3: Resultate erzielen

Einleitung

Ich bin stolz auf Sie. Sie sind mutig – ja sogar heldenhaft. Sie halten ein Buch in der Hand, auf dessen Einband groß das Wort »Muffel« zu lesen ist. Es macht Ihnen nichts aus, dass die Leute in Ihrer Nähe – vielleicht im Zug oder Flugzeug, in der Warteschlange bei Starbucks oder Ihre Kollegen im Büro – Sie mit diesem Buch sehen und sofort die Verbindung zwischen Ihnen und dem Wort »Muffel« herstellen könnten. Es wäre Ihnen ein Leichtes, ein anderes Buch mit einem anderen Titel zu präsentieren: *Die Last der Perfektion: Führungsleitfaden für Genies,* vielleicht sogar *Mehr als nur großartig.* Die Leute wären ganz sicher beeindruckt, wenn sie Sie so ein Buch lesen sähen. Aber so bin ich nicht, und ich nehme an, Sie auch nicht. Ich habe keine Eliteuniversität besucht, und ich lese nicht diese schlauen akademischen Wälzer über die neuesten Managementtheorien. Ich habe mich durch die Führungsgräben hochgearbeitet. Ich hatte keine Ahnung, was ich tat, aber genügend Ehrgeiz und Elan, um dranzubleiben, selbst bei Misserfolgen – und davon gab es viele.

Ich habe dieses Buch für alle geschrieben, die den Eindruck haben, dass sie nicht perfekt als Führungskraft herausgeputzt sind – die ein bisschen was von dem »Muffel« in sich tragen, sei es, weil sie Außenseiter sind, weil es ihnen an Erfahrung oder an Ausbildung mangelt oder alles zusammen. Es gibt bestimmt Menschen, die finden, dass ich der *Letzte* bin, der so ein Buch schreiben sollte, wahrscheinlich auch einige derjenigen, die es jetzt gerade lesen. Also bringe ich diesen nächsten Teil hinter mich:

Ich habe eine ziemlich intensive Persönlichkeit und bin oft bis zum Anschlag aufgedreht. Ich war gemein, kleinlich, egoistisch und selbstbezogen. Ich habe grundgute Menschen zum Weinen gebracht und zweifellos talentierte Mitarbeiter in die Kündigung getrieben, und ich habe bedauerlicherweise meine Position und mein Temperament dazu genutzt, die Leistungen anderer manchmal zu schmälern, herabzuwürdigen und zu unterdrücken. Aber ich bin auch als der Vorgesetzte bekannt, in dessen Abteilung man geht, wenn man seine Karriere und seine Fähigkeiten zur Entfaltung bringen will. Ich bin vielen ein guter Freund, und ich bin der Typ, den Sie zu jeder Uhrzeit anrufen können, um Sie aus dem Knast oder aus der Klemme zu befreien, oder bei jedem anderen Notfall. Ich bin auch der Typ, der für Überraschungsgäste eine gekühlte Flasche Champagner bereithält. Ich bin ein tadelloser Ehemann und ein fürsorglicher Vater; ein Förderer, Unterstützer und Mentor zahlloser Menschen, die in ihrem Berufsleben außergewöhnliche Erfolge erzielt haben. Ich habe eine Hand voll gottgegebener Talente und arbeite hart daran, sie zu nutzen und zu vertiefen (Bescheidenheit gehört nicht dazu). Ich bin, kurz gesagt, ein Mensch: Ich habe Fehler und Begabungen, ich erlebe Niederlagen und Triumphe.

Falls Sie ein Mitreisender auf dem Weg der Führung sind, habe ich dieses Buch für Sie geschrieben. Es ist eine Reflexion meiner Erfahrungen, sowohl der Schlappen als auch der Erfolge, die den Schmelztiegel der realen Welt durchlaufen haben – geprägt, bestätigt und oft korrigiert von der großen Kompetenz und der gedanklichen Vorreiterschaft vieler Kollegen, Freunde und Mentoren bei FranklinCovey.

Ich hatte das Glück, bei FranklinCovey zu landen – einem Unternehmen, das den Fortune 5000 und darüber hinaus weltweit branchenstarke Management- und Führungsberatung bietet. Wenn ich auch manchmal ins Schlingern und aus der Spur geraten bin, konnte ich doch nicht umhin, die Prinzipien und Praktiken aufzuschnappen, nach denen die erfolgreichsten Führungskräfte handeln. Diese bewährten Erkenntnisse (von denen viele in diesem Buch vorkommen) haben einem zugegebenermaßen unvollkommenen Vorgesetzten dazu verholfen, in die Führungsetage aufzusteigen.

Ich gebe jederzeit zu, dass Führung nicht immer ein Vergnügen ist. Sie kann sich anfühlen wie eine bodenlose Grube voller Problemlöserei und Erwachsenen-Sitting. Führung ist anstrengend, eintönig und verlangt nach einer ständigen Beanspruchung Ihrer emotionalen und intellektuellen Fähigkeiten. Sie erfordert eine »Allzeit bereit«-Mentalität, denn man erwartet von Ihnen, dass Sie immer die richtige Antwort parat haben und die richtigen Entscheidungen treffen, oftmals zwischen Tür und Angel. Ehrlich gesagt, an den meisten Tagen macht es mir keinen besonderen Spaß. Das heißt aber nicht, dass Führung nicht wichtig ist, im Gegenteil, oft führen die größten Mühen zu den besten Erträgen (es trinkt ja auch keiner einen Grünkohl-Smoothie, weil er so lecker ist). Es ist völlig in Ordnung, sich einzugestehen, dass Führung schwer und nervig sein kann. Wir reisen gemeinsam auf diesem Weg. Aber die Vorteile, wenn man darin erfolgreich ist, können das Leben verändern.

Vielleicht sind Sie ehrgeizig und helle, aber fühlen sich nicht unbedingt zum Führen berufen. Vielleicht sind Sie der Erste in Ihrer Familie, der auf die Uni geht, ganz zu schweigen von einem Vorstands-Meeting. Oder vielleicht haben Sie die Uni ganz übersprungen. Vielleicht steigen Sie als Frau an die Spitze einer männerdominierten Branche auf oder bahnen sich als Militärveteran Ihren Weg durch die Business-Welt und können sich auf ganz andere Führungsmethoden und -erfahrungen stützen. Vielleicht sollen Sie dieselben Menschen führen, die vor ein paar Tagen noch Ihre Kollegen waren, oder vielleicht sind Sie der hochgeschätzte MBA, der jemanden wie *mich* führen soll. Falls ja, dann ist dieses Buch für Sie und alle anderen, die dem Thema Führung mit einem gewissen Unbehagen, mit Beklommenheit oder als gefühlter Außenseiter gegenüberstehen.

Natürlich ist niemand ein totaler Management-Muffel, und ebenso wenig kenne ich eine uneingeschränkte Leader-Legende. Wir sind eine Kombination unterschiedlicher Talente und Ängste, die durch unsere täglichen Entscheidungen zum Ausdruck kommen. Ich habe dieses Buch geschrieben, um diese Talente zu stärken, die einschränkenden Ängste zu beheben und bessere Führungsentscheidungen zu fördern. Dazu finden Sie 30 Challenges, geprüft von FranklinCovey durch jahrelange Forschung und Entwicklung, Zehntausende von Kundenumsetzungen und zahllose Coaching-Aufträge. Ich nehme Bezug auf die verschiedenen Vordenker und Experten hinter all diesen Challenges, die eine mehr als vier Jahrzehnte umfassende Bandbreite der Weisheit, des Fachwissens und des praktischen Rates darstellen. Ich hebe auch Einzelne hervor, die ich als beispielgebend für ein bestimmtes Prinzip betrachte, und erzähle die Geschichten von Menschen, die zum Management-Muffel wurden – wobei ich Namen und Identitäten abgeändert habe, es sei denn, ich beziehe mich auf mich selbst (was nach Ansicht meiner Frau für ein Buch dieser Länge viel zu häufig der Fall ist).

Die Challenges in diesem Buch machen Sie zu einer besseren Führungskraft und sind in drei Teile untergliedert: »Sich selbst führen« (Aufgaben 1 bis 8), »Andere führen« (Aufgaben 9 bis 21) und »Resultate erzielen« (Aufgaben 22 bis 30). Wenn es Sie nicht abschreckt zu erfahren, wie Prinzipien mit der Realität kollidieren können oder wie ich viele Führungslektionen auf die harte Tour lernen musste, lade ich Sie ein, sich jede davon zu Herzen zu nehmen. Sie können sie von 1 bis 30 lesen oder gleich zu den Themen springen, die Ihnen zurzeit am wichtigsten sind. Am Ende jeder Challenge finden Sie Anregungen, wie Sie vom Muffel zur Legende werden können. Es ist Ihnen überlassen, wie Sie sie umsetzen wollen – wählen Sie täglich eine aus, wenn Ihnen danach ist, oder eine pro Woche. Egal in welchen Abständen, tun Sie Ihr Bestes, um die Challenges aus den Buchseiten herauszuholen und in Ihre reale Führungsposition zu übertragen.

Also, lassen Sie Ihre Kollegen ruhig sehen, dass Sie ein Buch mit dem Wort »Muffel« im Titel lesen. Legen Sie es in der Mittagspause aufgeschlagen auf den Tisch, und setzen Sie sich stolz Ihrem Chef gegenüber! Denn die hierin versammelten Prinzipien und Praktiken stammen von einigen der besten Führungskräfte, die es gibt. Verwenden Sie meine Erfahrungen, die ich mit ihnen gemacht habe, als Abkürzung, als mahnendes Beispiel oder als erstrebenswerte Fähigkeit. Ich verspreche Ihnen, Sie nicht mit Samthandschuhen anzufassen. Und da Sie bei diesem Abenteuer, das wir Führung nennen, nur 30 Praktiken von mehr Legenden-Erfolgen (und weniger Muffel-Niederlagen) entfernt sind, legen wir einfach los.

TEIL 1

Sich selbst führen

Tag 1	Tag 2	Tag 3	Tag 4	Tag 5
Bescheiden-heit demons-trieren	Den Überfluss denken	Zuerst zuhören	Die eigenen Absichten erklären	Verpflich-tungen eingehen und halten
Tag 6	**Tag 7**	**Tag 8**	**Tag 9**	**Tag 10**
Das Klima selbst bestimmen	Vertrauen schenken	Vorbild für Work-Life-Balance sein	Die richtigen Leute an die richtige Stelle setzen	Sich Zeit nehmen für Beziehungs-pflege
Tag 11	**Tag 12**	**Tag 13**	**Tag 14**	**Tag 15**
Die eigenen Paradigmen überprüfen	Schwierige Gespräche führen	Tacheles reden	Mut und Rücksicht ins Gleich-gewicht bringen	Loyalität zeigen
Tag 16	**Tag 17**	**Tag 18**	**Tag 19**	**Tag 20**
Ungestraft die Wahrheit sagen lassen	Fehler korrigieren	Kontinuier-lich coachen	Das Team vor Druck schützen	Regelmäßig Einzel-gespräche führen
Tag 21	**Tag 22**	**Tag 23**	**Tag 24**	**Tag 25**
Andere schlau sein lassen	Visionen schaffen	Die Mega-wichtigen Ziele (MWZ) feststellen	Maßnahmen auf die Megawich-tigen Ziele abstimmen	Dafür sorgen, dass die Systeme Ihre Mission stützen
Tag 26	**Tag 27**	**Tag 28**	**Tag 29**	**Tag 30**
Ergebnisse liefern	Erfolge feiern	Hochwertige Entscheidun-gen treffen	Durch Ver-änderungen führen	Besser werden

Bescheidenheit zeigen

Hat Ihr Mangel an Bescheidenheit jemals Ihre Perspektive
eingeschränkt oder Ihren Einfluss
als Führungskraft gemindert?
Und wenn ja, hätten Sie
das überhaupt bemerkt?

E s waren zwei wichtige Tage in meiner Frühzeit als Führungskraft. Nach vier erfolgreichen Jahren als unabhängiger Verkäufer war ich vor Kurzem befördert worden und führte nun eine Gruppe von ungefähr zehn Kollegen. Die meisten von ihnen waren schon vor mir ins Team eingetreten, hatten in ihre eigenen Verkaufskompetenzen investiert, und sie weiterentwickelt und waren in mancherlei Hinsicht talentierter als ich, der beratende Außendienstmitarbeiter.

Ich hatte als neuer Vorgesetzter schon ein paar vielversprechende Führungseigenschaften bewiesen und wollte einen denkwürdigen Anfang. (Was das angeht, verspreche ich Ihnen, Sie bei dieser Einstiegs-Challenge nicht zu enttäuschen. Bleiben Sie dran!) Nachdem ich mir das Einverständnis und die Finanzierungszusage des Vice President besorgt hatte, plante ich ein zweitägiges Verkaufsstrategie-Meeting. Ich reservierte den Konferenzraum, kümmerte mich um das Catering und verpflichtete eine unserer internen Performance-Beraterinnen, eine zweitägige Schulung durchzuführen, um sicherzustellen, dass dieses Team bezüglich unserer neuesten Führungskonzepte auf dem aktuellen Stand war.

Dann kam der erste Morgen, und die Beraterin Nancy Moore und ich tauchten beide gegen 7 Uhr morgens auf. Um 8 Uhr sollte es losgehen. Ich kann mich noch gut erinnern. Ich war aufgeregt und nach einer Tasse Kaffee zu viel wie aufgedreht. (Genau genommen war in Provo, Utah, schon *eine* Tasse zu viel.) Auch Nancy war sehr viel am Erfolg der Teilnehmer gelegen, sie brachte sogar eine Platte mit wunderbar arrangiertem, frisch geschnittenem Obst für sie mit (und zwar selbst gemacht, nicht fertig gekauft). Ich war bereit für mein Debüt als Vorgesetzter. Das würde großartig werden. Gegen 8.15 Uhr trudelten die ersten Teammitglieder ein. Um 8.30 Uhr legten wir schließlich los, nachdem auch der letzte Teilnehmer erschienen war.

Ich war erbost. Es gelang mir zwar, das Meeting zu eröffnen, die Dozentin vorzustellen und meinen Platz an dem U-förmigen

Tisch einzunehmen. Aber ich musste die ganze Zeit daran denken, dass ausgerechnet an meinem ersten Tag als Führungskraft mein Team sowohl die Beraterin als auch mich nicht respektieren würde, weil wir so großzügig mit der Anfangszeit gewesen waren. Schließlich waren wir Experten für Zeitmanagement; wie konnten die bloß alle zu spät kommen und sich nicht mal entschuldigen? In mir brodelte es, und wie das meistens so ist mit einem Problem, das an mir nagt, breitete es sich immer weiter aus und entwickelte ein Eigenleben.

Den ganzen Tag über war ich fixiert auf diese massive Respektlosigkeit. Das Team wusste, dass ich wütend war, weil ich keinerlei Bemühungen unternahm, es zu verbergen. Das Konzept der Selbstregulierung und Emotionskontrolle war zu diesem Zeitpunkt nicht mal Teil meines Wortschatzes.

Die Sache gärte bis zum nächsten Morgen noch in mir. Auf dem Weg zum Büro hielt ich beim Supermarkt an, aber nicht wegen Obst oder Croissants, sondern um zehn Ausgaben der *Salt Lake Tribune* zu kaufen. Ich hatte einen Plan, und der würde legendär sein. Leadership in Aktion, Leute!

Ich betrat den Raum um Punkt 8 Uhr, unserer Anfangszeit. Zu meinem sadistischen Vergnügen waren nur wenige an ihrem Platz. Es vergingen gut zehn Minuten, ehe endlich alle dasaßen. Ich erhob mich zu dem, was ich für einen meiner wunderbarsten Führungsmomente hielt, und fing an, um den Tisch herumzugehen. Ich zog die Kleinanzeigen heraus und schmiss sie vor jeden Einzelnen hin: »Wenn ihr einen Nine-to-five-Job sucht, bei Dillard's werden Leute gesucht.« Und falls einer das nicht kapierte, verteilte ich noch gelbe Textmarker, damit sie es sich anstreichen konnten.

Das war es, was eine erfolgreiche Führungskraft ausmachte! Ich stellte etwas Wichtiges klar und würde für meine Geradlinigkeit, Kühnheit und Stärke respektiert werden. Jedenfalls schien es mir damals eine tolle Idee zu sein.

Aber statt meine Führungskompetenz anzuerkennen, standen die Leute auf, um zu gehen. Viele warfen mir Blicke zu, die Ver-

Sagen wir einfach, ich wurde nicht mit dem Bescheidenheits-Gen geboren. Damit hatte ich zu kämpfen, als ich ein frischgebackener Vorgesetzter war, und damit kämpfe ich heute noch. Ich muss wirklich daran arbeiten, mich an seinen Wert in meinen Beziehungen zu erinnern, besonders als Führungskraft.

wirrung bis hin zu blankem Vorwurf spiegelten. Andere geigten mir die Meinung, und mehr als einer drohte, auf der Stelle zu gehen. Ich tat das, was jede gute Führungskraft unter diesen Umständen getan hätte: Ich legte nach. Schließlich lag es an ihnen, nicht an mir.

Das war vielleicht nicht die beste Strategie. Nancy stand wie erstarrt da und sah ungläubig zu. Ein Kollege erklärte, das sei sein letzter Tag. Die gegen mich vorgebrachten Anschuldigungen hatten alle eine Stoßrichtung: Wie konnte der Teamleiter, der ein Führungsseminar veranstaltete, so krass gegen die Führungsprinzipien verstoßen, die darin gelehrt wurden?

Einen solchen Moment als Muffel-Schlappe zu bezeichnen ist wahrscheinlich untertrieben. Weil das alles fast 20 Jahre her ist, habe ich nicht mehr genau in Erinnerung, wie wir es schafften, alle mal tief durchzuatmen und die Situation zu entschärfen. Ich bin sicher, es hatte mehr mit den anderen zu tun als mit mir, aber irgendwie rauften wir uns nach ungefähr einer Stunde wieder zusammen und brachten den Tag zu Ende.

Falls Sie denken, ich hätte an diesem Morgen ein Führungs-*Mea-culpa* verspürt, irren Sie sich. Noch Tage später insistierte ich Nancy gegenüber, dass ich im Recht sei. Man muss ihr zugutehalten, dass sie sich meine absurden Rechtfertigungen geduldig anhörte. Ungefähr eine Woche später setzte sie sich dann mit mir zusammen und half mir zu begreifen, warum meine Technik mir keinen guten Dienst erwiesen hatte. Es fiel mir schwer, ihrer Argumentation zu folgen, aber ich vertraute darauf, dass sie nur mein Bestes wollte, und deshalb nahm ich mir die Lektion zu Herzen.

Ich tat mein Bestes, die Sache beim Team wiedergutzumachen und mich für mein Verhalten zu entschuldigen.

Es mag Sie überraschen zu hören, dass ich inzwischen mit jedem befreundet bin, der an diesem Tag im Seminarraum war. Viele von ihnen kamen zehn Jahre später zu meiner Hochzeit, und wir lachten und weinten über die Absurdität des Ganzen. Genau genommen stellten einige von ihnen die Szene vor meiner erst seit 120 Minuten angetrauten Gemahlin nach. Sie hat sich bestimmt Sorgen gemacht, dass sie gerade einem Soziopathen das Jawort gegeben haben könnte. Am Ende staunten wir alle über meine ungeheure Unwissenheit und Arroganz.

Oder, anders ausgedrückt, meinen absoluten Mangel an Bescheidenheit. Sagen wir einfach, ich wurde nicht mit dem Bescheidenheits-Gen geboren. Damit hatte ich zu kämpfen, als ich ein frischgebackener Vorgesetzter war, und damit kämpfe ich heute noch. Ich muss wirklich daran arbeiten, mich an seinen Wert in meinen Beziehungen zu erinnern, besonders als Führungskraft.

In meiner Position als Executive Vice President für Thought Leadership bei FranklinCovey habe ich das Privileg, verschiedene Interviewsendungen machen zu dürfen, sowohl im Internet als auch bei iHeartRadio. Ich habe über 100 Bestsellerautoren, CEOs und Führungsexperten interviewt. Es gibt eine Gemeinsamkeit zwischen ihnen, wenn es darum geht, eine gute Führungskraft zu definieren, und das ist Bescheidenheit. Sie betrachten Bescheidenheit als Stärke, nicht als Schwäche. Man könnte sagen, das Gegenteil von Bescheidenheit ist Arroganz.

> Wenn Sie gelernt haben, bescheiden zu sein, geht es Ihnen besser, weil Sie wissen, wer Sie sind. Sie können die Angst loslassen, Fehler zu machen, und den Zwang, keinerlei Schwächen zu zeigen. Wie unser Mitgründer Dr. Stephen Covey sagte: »Bescheidene Führungskräfte kümmern sich mehr darum, recht zu tun als recht zu haben.«

Vorgesetzte, die es nicht schaffen, Bescheidenheit zu zeigen, tendieren häufig zur Arroganz und suchen nach externer Bestätigung. Selten hören sie irgendjemand anderem zu als sich selbst, und dadurch versäumen sie die Gelegenheit, zu lernen und den Kurs zu korrigieren. Häufig verwandeln sie Gespräche in einen Wettbewerb und verspüren den Drang, sich gegen andere durchzusetzen und das letzte Wort zu haben.

In dem FranklinCovey-Bestseller *Werde besser! 15 bewährte Strategien zum Aufbau effektiver Beziehungen im Job* schreibt Todd Davis:

>»Der Bescheidene hat ein sicheres Selbstgefühl – seine
> Berechtigung kommt nicht von außen, sondern ist Grund-
> lage seiner wahren Natur. Bescheidenheit bedeutet, das Ego
> loszuwerden, denn das authentische Selbst bedeutet viel
> mehr als nur gut auszusehen, alle Antworten kennen zu müs-
> sen oder von den Kollegen anerkannt zu werden. Im Ergeb-
> nis besitzen diejenigen, die ihre Bescheidenheit kultivieren,
> weitaus mehr Energie, die sie anderen widmen können. Sie
> lassen sich nicht von sich selbst aufzehren (innerer Fokus),
> sondern suchen nach Wegen, um andere zu fördern und zu
> unterstützen (äußerer Fokus). Bescheidenheit ist der Schlüs-
> sel zu einem starken Charakter und engen, sinnstiftenden
> Beziehungen.«[1]

Wenn Sie lernen, bescheiden zu sein, geht es Ihnen besser, weil Sie wissen, wer Sie sind. Sie können die Angst loslassen, Fehler zu machen, und den Zwang, keinerlei Schwächen zu zeigen. Wie unser Mitgründer Dr. Stephen Covey sagte: »Bescheidene Führungskräfte kümmern sich mehr darum, recht zu tun, als recht zu haben.«[2]

Bescheidenheit
zeigen

- Wählen Sie eine Initiative aus, die Sie führen oder an der Sie teilnehmen.

- Suchen Sie jemanden aus, dessen Perspektive auf die Initiative sich von Ihrer unterscheidet.

- Planen Sie Zeit ein, sich seine oder ihre Perspektive anzuhören. Wenn sie sich erheblich unterscheidet, trainieren Sie die Geduld und den Respekt, dies nicht nur zu verstehen, sondern den anderen Standpunkt gründlich zu erwägen.

- Was könnte Ihren Erkenntnissen zufolge die Initiative messbar verbessern? Die Beziehung? Ihren Führungsstil?

- Gehen Sie entspannter, ja selbstbewusst damit um, wenn Sie nicht selbst über sämtliche Antworten verfügen. Das ist eine Stärke, keine Schwäche.

Tag 1	Tag 2	Tag 3	Tag 4	Tag 5
Bescheiden-heit demonstrieren	Den Überfluss denken	Zuerst zuhören	Die eigenen Absichten erklären	Verpflichtungen eingehen und halten

Tag 6	Tag 7	Tag 8	Tag 9	Tag 10
Das Klima selbst bestimmen	Vertrauen schenken	Vorbild für Work-Life-Balance sein	Die richtigen Leute an die richtige Stelle setzen	Sich Zeit nehmen für Beziehungspflege

Tag 11	Tag 12	Tag 13	Tag 14	Tag 15
Die eigenen Paradigmen überprüfen	Schwierige Gespräche führen	Tacheles reden	Mut und Rücksicht ins Gleichgewicht bringen	Loyalität zeigen

Tag 16	Tag 17	Tag 18	Tag 19	Tag 20
Ungestraft die Wahrheit sagen lassen	Fehler korrigieren	Kontinuierlich coachen	Das Team vor Druck schützen	Regelmäßig Einzelgespräche führen

Tag 21	Tag 22	Tag 23	Tag 24	Tag 25
Andere schlau sein lassen	Visionen schaffen	Die Megawichtigen Ziele (MWZ) feststellen	Maßnahmen auf die Megawichtigen Ziele abstimmen	Dafür sorgen, dass die Systeme Ihre Mission stützen

Tag 26	Tag 27	Tag 28	Tag 29	Tag 30
Ergebnisse liefern	Erfolge feiern	Hochwertige Entscheidungen treffen	Durch Veränderungen führen	Besser werden

Den Überfluss denken

Wo verhindern Beschränkungen in Ihrem Denken die besten Ergebnisse? Wie schwierig ist es für Sie, Ehre, Lob, Anerkennung und Macht zu teilen?

Sie hatten sicher schon mal die Gelegenheit, an einem Büfett zu essen (außer meine anspruchsvolle Frau, die das verabscheut). Es gibt zwei Denkschulen, was das Anstehen in der Schlange angeht: Einerseits gibt es nur eine begrenzte Menge an Essen, also schnappen Sie sich alles, was Sie haben wollen, ehe es ein anderer tut. Andererseits könnten Sie auch davon ausgehen, dass reichlich Essen da ist, mehr als genug, um alle satt zu kriegen, also könnten Sie den alten Mann mit dem Sauerstoffschlauch in der Nase eigentlich vorlassen. Es gibt tatsächlich genügend Shrimps für alle, sie wurden tiefgekühlt in einem 40-Pfund-Sack angeliefert.

Im Wesentlichen ist das der Unterschied zwischen der *Mangel-Mentalität* (nimm dir deinen Anteil, bevor alles weg ist) und der *Überfluss-Mentalität* (es ist genug für alle da).

Meine erste Lektion in der Kraft des Überfluss-Denkens erhielt ich von einem Kollegen. Ich überlegte, ob ich von Provo, Utah, in den rund 50 Meilen entfernten Skiort Park City ziehen sollte. Gleicher Arbeitsplatz, nur ein längerer Anfahrtsweg und eine coolere Stadt (ungefähr so verschieden wie entrahmte Milch und Tequila). Durch den Umzug würde sich meine Miete fast verdoppeln, und ich versuchte herauszufinden, ob das eine gute Entscheidung wäre (war es natürlich nicht). Als ich das mit diesem Arbeitskollegen besprach, sagte er etwas, das ich nie vergessen werde: »Es ist nie genug, wenn du nicht festlegst, wie viel genug ist.« Diesen Aphorismus habe ich schon unzähligen Freunden wiedergegeben, denn er berührt den Kern des Überfluss-Denkens. Definieren Sie »genug«, sonst sorgen Sie sich pausenlos darum, dass Sie nicht genug haben.

Meine zweite Lektion war ein bisschen brutaler und erfolgte, was gut zu unserer kulinarischen Metapher passt, während des Mittagessens. (Ich

> Überfluss-Denken ist im Wesentlichen der Unterschied zwischen der Mangel-Mentalität (nimm dir deinen Anteil, bevor alles weg ist) und der Überfluss-Mentalität (es ist genug für alle da).

habe eine bewährte Methode, Restaurants für geschäftliche Treffen auszuwählen. Wenn ich erwarte, dass viel von den Ergebnissen abhängt, bin ich gerne in einem abgeschirmten Bereich auf neutralem Grund. Ich führe niemals schwierige Gespräche in meinen Lieblingsrestaurants, damit ich die mit dem Meeting verknüpften Emotionen von meiner Affinität zum Essen trennen kann.)

Bei diesem Anlass jedenfalls hatte ich das Mittagessen in einem meiner Lieblingsrestaurants, dem Cracker Barrel, geplant, denn ich erwartete eine angenehme Mahlzeit mit einem meiner vertrautesten Teammitglieder, Jimmy. Stellen Sie sich meine Überraschung vor, als er sein Steak bestellte und sagte:»Scott, ich habe es satt, dass du immer die Anerkennung für meine ganzen Projekte kriegst.«

Dieser Satz bedarf keiner Übersetzung. Kontext? Ja, bitte.

Jimmy fuhr fort und sprach über bestimmte Momente, in denen er das Gefühl hatte, dass ich seine Arbeit überschattete: wie ich die Ergebnisse einer von ihm geführten Kampagne verkündet hatte, wie ich eine von ihm geplante Produkteinführung angepriesen hatte und so weiter. In keinem dieser Fälle hatte ich seine Beteiligung auch nur erwähnt.

Mein erster Impuls war zu widersprechen, und zwar mit einer gehörigen Portion Empörung. Mein altes Ich hätte das sicherlich getan – ich war stolz darauf, mit den Leuten Klartext zu reden, ungeachtet der Folgen. Aber die Arbeit bei FranklinCovey hatte mich verändert, und ich atmete zwischen dem momentanen Impuls und meiner tatsächlichen Antwort einmal tief durch. Ich tat mein Bestes, Jimmys Sorge ernst zu nehmen und zu versprechen, dass ich mehr darauf achten würde.

Nach dem Lunch dachte ich noch mal darüber nach, was er gesagt hatte. Wie viel davon stimmte? Ich hatte sicher keinen Grund, mich mit fremden Federn zu schmücken. Zu diesem Zeitpunkt meiner Laufbahn waren mein Einfluss in der Firma bereits erheblich und meine Erfolgsbilanz beim CEO und beim Vorstand außerordentlich. War ich so unsicher, dass ich *mehr* Aufmerksamkeit und Zuspruch brauchte, als ich ohnehin hatte? War mir die nächste Sprosse der Karriereleiter tatsächlich wichtiger, als anderen hochzuhelfen? Hatte ich wirklich, bewusst oder unbewusst, auf seine Kosten meinen Ruf und meine Karriere vorangebracht?

Ich glaube, die Führungsetage würde Ihnen sagen, dass ich in ihrer Gegenwart häufig andere lobend erwähne und ihre Leistungen anerkenne. Aber was beim Management hinter verschlossenen Türen passiert, wird ja nicht immer an die anderen Mitarbeiter weitergetragen. Also, was war diesmal schiefgegangen?

Ich hatte es nicht geschafft, den Überfluss zu denken.

Es liegt in der Natur des Menschen, Mangel zu empfinden, wenn wir fürchten, dass wir nicht genug bekommen – Geld, Geschenke, Aufmerksamkeit, Lob, was immer Sie wollen. Gab es wirklich ein begrenztes Maß an Anerkennung in der Firma? Natürlich nicht. Um bei der Büfett-Metapher zu bleiben, ich lud mir weiterhin »Anerkennung« auf meinen Teller wie einen Berg Shrimps. Ich hatte nie darüber nachgedacht, was »genug« war. Stattdessen war ich von einer Mangel-Mentalität getrieben, die mich fürchten ließ, zu kurz zu kommen. Und das Schlimmste war, dass ich mir nicht mal dessen *bewusst* war, so zu denken.

Nach meiner Unterhaltung mit Jimmy bemühte ich mich bewusst, jeden öffentlich zu loben, der es wirklich verdient hatte, und die Lorbeeren zu teilen, wenn mein Team unabhängig von mir brilliert hatte. Es ist mir nicht immer perfekt gelungen, aber indem ich an das Prinzip

> Ich bemühte mich bewusst, jeden öffentlich zu loben, der es wirklich verdient hatte, und die Lorbeeren zu teilen, wenn mein Team unabhängig von mir brilliert hatte. Es ist mir nicht immer perfekt gelungen, aber indem ich an das Prinzip des Überflusses denke, bin ich, glaube ich, ein liebenswürdigerer, großzügigerer und respektvollerer Vorgesetzter geworden. Dabei komme ich nicht zu kurz, sondern erlebe die Leistungen anderer als bereichernd.

des Überflusses denke, bin ich, glaube ich, ein liebenswürdigerer, großzügigerer und respektvollerer Vorgesetzter geworden. Dabei komme ich nicht zu kurz, sondern erlebe die Leistungen anderer als bereichernd.

Den Überfluss denken

- Stellen Sie sich eine Situation vor, in der Sie Ehre, Lob und Anerkennung oder Entscheidungsmacht teilen können.

- Wenn Sie sich bei dem Gedanken erwischen, dass nur Sie für einen Erfolg oder eine Errungenschaft gelobt werden sollten, halten Sie inne und denken Sie intensiv nach: Warum? Was ist die Ursache? »Schälen Sie die Zwiebel« rund um Ihr Mangel-Denken.

- Denken Sie an die unvergesslichen (guten oder schlechten) Momente Ihrer Karriere. Gibt es da ein Muster?

- Listen Sie auf, wie Sie in Zukunft stärker im Überfluss denken und handeln könnten.

- Behandeln Sie auch andere Bereiche Ihres Lebens, in denen das Mangel-Denken Sie und Ihre Fähigkeit, andere voranzubringen, einschränken könnte. Stellen Sie sich vor, welche Auswirkungen eine Überfluss-Mentalität auf Ihr Leben haben könnte.

Tag 1	Tag 2	Tag 3	Tag 4	Tag 5
Bescheiden-heit demons-trieren	Den Überfluss denken	Zuerst zuhören	Die eigenen Absichten erklären	Verpflich-tungen eingehen und halten

Tag 6	Tag 7	Tag 8	Tag 9	Tag 10
Das Klima selbst bestimmen	Vertrauen schenken	Vorbild für Work-Life-Balance sein	Die richtigen Leute an die richtige Stelle setzen	Sich Zeit nehmen für Beziehungs-pflege

Tag 11	Tag 12	Tag 13	Tag 14	Tag 15
Die eigenen Paradigmen überprüfen	Schwierige Gespräche führen	Tacheles reden	Mut und Rücksicht ins Gleich-gewicht bringen	Loyalität zeigen

Tag 16	Tag 17	Tag 18	Tag 19	Tag 20
Ungestraft die Wahrheit sagen lassen	Fehler korrigieren	Kontinuier-lich coachen	Das Team vor Druck schützen	Regelmäßig Einzel-gespräche führen

Tag 21	Tag 22	Tag 23	Tag 24	Tag 25
Andere schlau sein lassen	Visionen schaffen	Die Mega-wichtigen Ziele (MWZ) feststellen	Maßnahmen auf die Megawich-tigen Ziele abstimmen	Dafür sorgen, dass die Systeme Ihre Mission stützen

Tag 26	Tag 27	Tag 28	Tag 29	Tag 30
Ergebnisse liefern	Erfolge feiern	Hochwertige Entscheidun-gen treffen	Durch Ver-änderungen führen	Besser werden

Zuerst zuhören

Wann haben Sie
das letzte Mal zugehört,
um zu verstehen, statt
eine Antwort zu geben?

ch neige dazu, andere zu unterbrechen. Darauf bin ich nicht stolz, aber meistens merke ich nicht einmal, dass ich es tue. Vielleicht steckt es in meinen Genen, und ich habe meine Berufung als Verhörspezialist oder CIA-Befrager verfehlt. Wie auch immer, falls Sie mich schon mal bei einer Dinnerparty erlebt haben, konnten Sie dieses Verhalten sicher beobachten.

Die meisten meiner Unterhaltungen durchlaufen denselben unsinnigen Zyklus: Um echtes Interesse an meinem Gegenüber zu zeigen, stelle ich Fragen. Wiederholt. In rascher Folge (wie ein boxendes Känguru, das die volle Geschwindigkeit und Kraft seiner Füße gegen das Opfer einsetzt). Nur selten gebe ich dem anderen Zeit zum Antworten, bevor ich die nächste Frage stelle. Peinlicherweise weiß ich das deshalb, weil meine Frau mir oft die Hand auf den Arm legt und sagt: »Lass ihn doch mal ausreden, Scott.«

Warum ich so bin? Vielleicht, um meine soziale Unbeholfenheit zu umschiffen. Genau genommen stelle ich aufgrund eines Drangs, jegliche Gesprächspause zu füllen, häufig über ein, zwei Stunden lang dieselbe Frage, sodass die Leute denken müssen, ich wäre an vorzeitiger Demenz erkrankt, und das ist wirklich nicht spaßig. Meine Bemühungen, eine gute Beziehung aufzubauen und das Schweigen zu überbrücken, schaffen im Allgemeinen nur noch mehr Unbehagen und verringern meine Glaubwürdigkeit. Außerdem lässt es die Leute in die Defensive gehen – was vielleicht nützlich ist, wenn man als Anwalt einen Zeugen ins Kreuzverhör nimmt, aber nicht unbedingt in meiner Position.

Es ist unschwer zu erkennen, dass Unterbrechen und Zuhören Gegenpole sind. Wenn andere reden, formulieren wir in Gedanken eine Antwort, schmieden eine Widerlegung oder steigen geistig komplett aus, weil wir einer dermaßen absurden Einstellung vehement widersprechen. »Wie kannst du so was ernsthaft glauben?« ist etwas, das ich viel zu oft denke (oder schlimmer noch: sage). Aber ich arbeite daran.

Seit Kurzem moderiere ich eine neue Radiosendung namens *Great Life, Great Career.* Im Rahmen dessen habe ich entdeckt, dass Stille nicht nur wichtig, sondern sogar notwendig ist. Während ich viele talentierte Vordenker und Branchengiganten interviewte, stellte ich fest, dass die Leute unbedingt Raum brauchen, um über die Frage nachzudenken, die ich ihnen gestellt habe – dass sie sich Zeit nehmen müssen, ihren Gedanken eine mentale Klammer zu verschaffen und mehr Bedeutsamkeit mitzugeben. Und die Neurowissenschaft bestätigt all das, was ich bei dieser Tätigkeit lerne.

Vor einigen Jahren lernte ich eine meiner Heldinnen kennen, Deborah Tannen, die berühmte Linguistikprofessorin an der Georgetown University und Bestsellerautorin. Ihr bahnbrechendes Buch *Du kannst mich einfach nicht verstehen*[3] stand unglaubliche acht aufeinanderfolgende Monate auf Platz eins der Bestsellerliste der *New York Times*.

Bei unserem Gespräch brachte sie mir eine Zuhörtechnik bei, die ich öfter anwenden muss. Sie erklärte, wenn zwei Sprecher eine unterschiedliche Auffassung davon haben, wie lang eine Redepause normalerweise ist, kann derjenige, der kürzere Pausen erwartet, den Eindruck bekommen, dass der mit den längeren Pausen fertig gesprochen hat, obwohl das gar nicht stimmt, oder dass er nichts zu sagen hat, obwohl er das durchaus hat. Das Ergebnis kann eine unbeabsichtigte Unterbrechung sein. Wenn Sie merken, dass Sie die ganze Zeit reden, sollten Sie bis sieben – oder nötigenfalls bis zehn – zählen, ehe Sie sprechen, schlägt Tannen vor. Das gibt dem anderen mehr Zeit, um fortzufahren oder mit dem Sprechen zu beginnen. Es könnte Sie erstaunen, dass er tatsächlich etwas zu sagen hat. Fühlen Sie sich dagegen ins Wort gefallen oder haben den Eindruck, dass der andere das Gespräch dominiert, können Sie sich antreiben, eher zu sprechen, als es für Sie normal ist, und werden vielleicht überrascht sein, dass der andere innehält und Ihnen zuhört.

Und das ist meine Empfehlung: Wenn jemand anderes spricht, schließen Sie bewusst den Mund, und konzentrieren Sie sich auf das Gefühl Ihrer zusammengepressten Lippen (Ihrer eigenen, nicht Ihrer auf denen des anderen). Und wenn der andere eine Pause macht, zählen Sie bis sieben, ehe Sie antworten. Das erhöht die Wahrscheinlichkeit, dass er fortfährt, häufig mit entscheidenden Details über seinen Standpunkt oder die Situation. Ich bin überzeugt, dass einer der ersten Schritte zum besseren Zuhörer, abgesehen von der Veränderung Ihres Mindsets oder Ihrer Überzeugungen (Challenge 11) über den Wert des Zuhörens, einfach darin besteht, den Mund zu halten. Das Vermeiden – oder auch nur das Verringern – Ihrer eigenen Unterbrechungen durch ein geringes Maß erhöhter Aufmerksamkeit kann sich für Ihre Beziehungen erheblich auszahlen.

Wie sich zeigt, investieren wir nicht allzu viel Zeit in das Zuhören. Bei meinen Keynote-Reden auf aller Welt befrage ich oft die Führungskräfte, wie viele von ihnen ein richtiges Kommunikationstraining gemacht haben. Rund 70 Prozent der Zuhörer heben die Hände. Dann erweitere ich die Definition von Kommunikation auf geschäftliche Schreiben, Medientraining, öffentliches Reden, Moderationstechnik und die Anwendung von Präsentationssoftware. An diesem Punkt haben fast 100 Prozent die Hand in der Luft. Ich lege eine Pause ein und stelle eine weitere Frage: »Wie viele von Ihnen hatten ein Training oder eine Schulung in effektivem Zuhören?« Die erhobenen Hände kann ich mühelos zählen, selbst bei einem großen Publikum mit 500 Teilnehmern oder mehr.

Zuhören ist eine der am meisten unterschätzten Kommunikationsfähigkeiten, und es wird Führungskräften nur selten beigebracht. Stattdessen werden wir angeleitet, unsere Botschaft klarer zu formulieren, mit Selbstbewusstsein und Überzeugungskraft zu sprechen und auf die Worte zu achten, die wir nutzen. Im besten Falle wird ein Lippenbekenntnis abgelegt im Hinblick auf den Wert des Schweigens und Zuhörens.

Wir leiten Meetings, Bürgerversammlungen, Konferenzanrufe, Webcasts, Klausurtagungen und externe Veranstaltungen – die Liste ist endlos. Alles dreht sich ums Überzeugen, Coachen, Deutlichmachen, und dann alles noch mal von vorn. Das alles lässt sich schlecht schweigend mit Pantomime oder Gesten machen. Wann haben Sie das letzte Mal einen Kandidaten gewählt, sind einer Führungskraft gefolgt oder haben jemandem Geld gespendet, weil Ihnen gefiel, wie er zuhört oder gestikuliert? In einer Welt, in der jeder gehört werden will, betrachten wir das Zuhören als irrelevant oder schwach. Reden – ja, das ist eine Stärke. Egal ob TED-Talks, Fachleute über neue Kanäle oder hoch bezahlte Keynote-Speaker, es gibt eine ganze Rednerbranche da draußen, die gehört (und bezahlt) werden will.

Warum besteht also dieses Ungleichgewicht zugunsten des Redens? Meine knappe Antwort lautet: Zuhören nervt. Es erfordert häufig ein großzügiges Geschenk von Zeit und Aufmerksamkeit, die eigenen Bedürfnisse zu vergessen und sich intensiv auf die eines anderen zu fokussieren. Wirklich zuzuhören verlangt Disziplin, Selbstbeherrschung und das echte Verlangen, den Standpunkt des Gegenübers zu verstehen. Zuhören heißt, dass es Ihnen wichtig sein muss, vielleicht sogar mehr, als Sie wollen.

Und die Kunst des Zuhörens ist nicht nur einfach eine nette Eigenschaft von Führungskräften – sie ist wahre Führungskompetenz. In seinem berühmten Buch *Die 7 Wege zur Effektivität* regt Dr. Covey uns dazu an, empathischere Zuhörer zu werden. Empathisches Zuhören heißt, wir hören zuerst einmal zu mit der offenen, respektvollen Einstellung: *Ich will versuchen, die Bedürfnisse, Ziele, Nöte und Gefühle dieser Person zu verstehen.* Das ist sehr selbstlos: Sie befreien sich bewusst von allen Ablenkungen

Es ist unschwer zu erkennen, dass Unterbrechen und Zuhören Gegenpole sind. Wenn andere reden, formulieren wir in Gedanken eine Antwort, schmieden eine Widerlegung oder steigen geistig komplett aus, weil wir einer dermaßen absurden Einstellung vehement widersprechen. »Wie kannst du so was ernsthaft glauben?« ist etwas, das ich viel zu oft denke (oder schlimmer noch: sage). Aber ich arbeite daran.

und konzentrieren sich intensiv auf das, was der andere sagt. Im Ergebnis können Sie zur Zufriedenheit Ihres Gegenübers genau den Inhalt des Gesagten und seine Absichten wiedergeben – nicht nur die Worte, sondern auch die Gefühle dahinter.

Dr. Covey führt auch vier spezifische Arten des schlechten Zuhörens auf, die bei uns oft vorherrschen:

- Evaluieren (sich bei Zustimmung oder Widerspruch auf eigene Erfahrungen berufen),
- Testen (sich beim Stellen von Fragen auf eigene Erfahrungen berufen),
- Empfehlen (sich beim Erteilen von Ratschlägen auf eigene Erfahrungen berufen),
- Interpretieren (Annahmen über die Motive des Gegenübers aufgrund eigener Erfahrungen treffen).

Ich illustriere diese Techniken des schlechten Zuhörens anhand eines beispielhaften Gesprächs, das die Managementberaterin Judy Henrichs mir neulich zur Verfügung gestellt hat. Nehmen wir an, jemand kommt in Ihr Büro und sagt: *»Mein Hund ist gerade gestorben.«* Dann könnten sich die Techniken schlechten Zuhörens so anhören:

Der evaluierende Zuhörer:
»Machen Sie sich nichts draus; ist ja schließlich nur ein Hund. Ich kenne jemanden, der hat mit nur sechs Jahren seine Eltern verloren, und Sie glauben nicht, was dann passiert ist …«

Das mag extrem erscheinen, ist aber gar nicht so weit hergeholt. Wir treffen ständig Urteile über andere auf Grundlage unserer eigenen Bedürfnisse, Paradigmen und Überzeugungen. Vielleicht wollen wir nur helfen, aber wir tun das Gegenteil – wir sind auf unsere eigenen Absichten und Vorstellungen fokussiert.

Der testende Zuhörer:
»Hatte er es mit dem Herzen? Krebs? Vom Auto
überfahren?«

Auch das mag gut gemeint scheinen, aber es ist abermals eine Widerspiegelung Ihres *eigenen* Weltbilds. Die Fakten und Details sind
Ihnen wichtiger als der trauernde Haustierbesitzer. Außerdem ist
das ein bisschen makaber. Warum müssen Sie wissen, *wie* der
Hund gestorben ist? Spielt das wirklich eine Rolle? Solange der andere es Ihnen nicht sagt, ist es unbedeutend. Das Testen fokussiert
sich auf Ihr eigenes Bedürfnis nach Details, die für Sie Bedeutung
schaffen oder Ihnen ein Antworten ermöglichen.

Der empfehlende Zuhörer:
»Was Sie auch tun, lassen Sie ihn bloß nicht verbrennen.
Ich hab mal gehört, dass …«

Durch die Empfehlung haben Sie arroganterweise entschieden,
was das Problem Ihres Gegenübers ist. Sie haben beschlossen, dass
er vor der Frage steht, was er mit dem Leichnam seines Hundes
anstellen soll. Sie haben weder Interesse noch Zeit aufgewendet,
um zu verstehen, was ihn wirklich umtreibt (oder was nicht).

Der interpretierende Zuhörer:
»Tja, Sie wären nicht so traurig, wenn Sie nicht so viel in
diesen verdammten Hund investiert hätten. Ich meine, was
für Unsummen haben Sie für diese lächerlichen Massagen
ausgegeben? Und diesen Tierpsychologen? Er war doch komplett gestört.«

Zunächst mal, sind Sie sicher, dass Traurigkeit das vorherrschende
Gefühl des anderen ist? Es könnte auch Erleichterung sein oder
gar Schuld. Oder Einsamkeit. Sehr wahrscheinlich ist oder war der
andere traurig, aber es ist nicht Ihre Aufgabe, das zu erraten. Egal

welche Erfahrungen in den Standpunkt des Zuhörers einfließen (vielleicht hat sein eigener Tierpsychologe herausgefunden, dass sein Hamster Mordgelüste hegt), Sie haben nichts mit dem zu tun, was der andere durchmacht.

Diese vier Antworten mögen übertrieben sein, aber wir haben uns ihrer wahrscheinlich alle schon mal schuldig gemacht. Empathische Zuhörer benutzen nicht nur ihre Ohren, sondern auch ihre Augen, ihren Verstand und ihr Herz, um wirklich zu verstehen, was vor sich geht. Sie schauen die andere Person an, wenden sich nicht ab oder blicken über ihre Schulter hinweg. Sie suchen nach sichtbaren Zeichen, die die ganze Geschichte erzählen, zum Beispiel ob das Gegenüber erschöpft oder dem Zusammenbruch nahe aussieht. Sie konzentrieren sich nicht auf ihren eigenen Bezugsrahmen. Das geschieht nicht ohne Mühe – es braucht Engagement und Interesse, empathisch zuzuhören. Und es braucht Übung und Selbstlosigkeit.

Praktischerweise erhöht gutes Zuhören Ihre Fähigkeit, sich effektiv mit anderen zusammenzuschließen, um die richtigen Probleme auf die richtige Art zu lösen. Wenn Sie also das nächste Mal eine Frage stellen, die oberflächlich betrachtet echtes Interesse zu signalisieren scheint, fragen Sie sich: *Was ist mein Motiv? Was muss ich wirklich wissen, um Empathie zu beweisen? Habe ich meine eigenen Vorstellungen im Kopf oder die des anderen?*

Es kann tatsächlich befreiend sein, sich selbst mal außer Acht zu lassen und sich für einen Moment auf jemand anderen zu konzentrieren. Lassen Sie zu, dass Sie selbst aus Ihrem Kopf und Ihrem internen Narrativ verschwinden, und richten Sie Ihre Aufmerksamkeit einfach auf die andere Person. Öffnen Sie sich, und lassen Sie den anderen sein. Ein wenig Zeit an diesem ruhigen Ort der Verbindung mit jemandem in all seiner Angst, seiner Freude oder seiner Frustration kann Bindungen schaffen, die ein Leben lang halten, und kann auch Ihre eigenen Bemühungen im Kontext halten.

Zuerst zuhören

- Üben Sie, andere nicht zu unterbrechen, indem Sie Ihre Lippen sanft aufeinanderpressen und bis sieben zählen, nachdem Ihr Gegenüber anscheinend zu sprechen aufgehört hat. Je öfter Sie diese Technik üben, umso natürlicher wird sie für Sie.

- Beweisen Sie empathisches Zuhören, indem Sie sich bemühen, die Bedürfnisse, Ziele, Nöte und Gefühle des anderen zu verstehen. Machen Sie sich bewusst, wann Sie in Ihrem eigenen, abweichenden Weltbild gefangen sind.

- Wenn Sie merken, dass Sie den anderen unterbrechen, ihm Ratschläge erteilen, ihm zustimmen oder widersprechen, Fragen stellen oder Ihre eigene Geschichte erzählen ... Stopp. Lassen Sie sich wieder auf den Gesprächspartner ein, und hören Sie aufmerksam zu, um zu verstehen, was er sagt und wie er sich fühlt.

- Wenn Ihr Gegenüber Sie explizit um Vorschläge oder Rückmeldungen bittet, können Sie sie erteilen.

- Erkennen Sie den Wert von Zeit als Geschenk – Sie können nicht die Bedürfnisse aller erfüllen, aber Sie können Ihr Bestes tun, die Bedürfnisse Ihres Gegenübers zu erfüllen.

Tag 1	Tag 2	Tag 3	Tag 4	Tag 5
Bescheidenheit demonstrieren	Den Überfluss denken	Zuerst zuhören	Die eigenen Absichten erklären	Verpflichtungen eingehen und halten

Tag 6	Tag 7	Tag 8	Tag 9	Tag 10
Das Klima selbst bestimmen	Vertrauen schenken	Vorbild für Work-Life-Balance sein	Die richtigen Leute an die richtige Stelle setzen	Sich Zeit nehmen für Beziehungspflege

Tag 11	Tag 12	Tag 13	Tag 14	Tag 15
Die eigenen Paradigmen überprüfen	Schwierige Gespräche führen	Tacheles reden	Mut und Rücksicht ins Gleichgewicht bringen	Loyalität zeigen

Tag 16	Tag 17	Tag 18	Tag 19	Tag 20
Ungestraft die Wahrheit sagen lassen	Fehler korrigieren	Kontinuierlich coachen	Das Team vor Druck schützen	Regelmäßig Einzelgespräche führen

Tag 21	Tag 22	Tag 23	Tag 24	Tag 25
Andere schlau sein lassen	Visionen schaffen	Die Megawichtigen Ziele (MWZ) feststellen	Maßnahmen auf die Megawichtigen Ziele abstimmen	Dafür sorgen, dass die Systeme Ihre Mission stützen

Tag 26	Tag 27	Tag 28	Tag 29	Tag 30
Ergebnisse liefern	Erfolge feiern	Hochwertige Entscheidungen treffen	Durch Veränderungen führen	Besser werden

Die eigenen Absichten erklären

Wurden Ihrem Handeln
schon mal unlautere
Absichten unterstellt?
Warum war das so?

Hätten Sie mich gebeten, meine Absichten zu erklären, als ich meine frühe ungestüme Mit-den-Ellbogen-bis-ganz-nach-oben-Zeit hatte, ich hätte Ihnen gesagt, dass Sie bekloppt sind. Falls Sie sich Führung als Krieg mit politischen Schachzügen und mörderischem Vorankommen vorstellen, findet dieser viktorianische militärische Rat bei Ihnen sicher Anklang: »*Verbergen Sie Ihre Ziele, und verstecken Sie Ihren Fortschritt; enthüllen Sie nicht das Ausmaß Ihrer Pläne, bis ihnen nichts mehr entgegengestellt werden kann, bis der Kampf vorbei ist.*«

Dieses feindselige Mindset war früher in fast jeder Organisation an der Tagesordnung – es war Teil der Kultur von »Fressen oder gefressen werden«. Es mag immer noch die vorherrschende Einstellung auf den Straßen von New York City sein (denn wenn Sie Ihre Absicht preisgeben, die Spur zu wechseln, veranlasst das die anderen Fahrer nur dazu, aufs Gas zu drücken und die Lücke zu schließen), aber das ist eine andere Geschichte. Es ist in nicht geringem Maße der Arbeit von FranklinCovey und einigen unserer geachteten Mitbewerber zu verdanken, dass sich die machiavellistische Denkweise in der Unternehmenswelt zu dem Wunsch entwickelt hat, eine Kultur der Transparenz, der Zusammenarbeit

> Es ist in nicht geringem Maße der Arbeit von Franklin-Covey und einigen unserer geachteten Mitbewerber zu verdanken, dass sich die machiavellistische Denkweise in der Unternehmenswelt zu dem Wunsch entwickelt hat, eine Kultur der Transparenz, der Zusammenarbeit und des Vertrauens aufzubauen. Heutzutage wollen nur noch wenige in einem Umfeld der Heimlichkeit und des Gegeneinanders arbeiten.

und des Vertrauens aufzubauen. Heutzutage wollen nur noch wenige in einem Umfeld der Heimlichkeit und des Gegeneinanders arbeiten.

Falls diese überholte Einstellung Ihren Führungsstil und Ihre Arbeitskultur beschreibt, lassen Sie mich Ihnen Zeit und Leid ersparen. Auf lange Sicht werden Sie verlieren – und zwar heftig. Haben Sie sich erst einmal den Ruf erworben, zu täuschen und Ihre wahren Absichten zu verheimlichen, wird Ihnen niemand (und zwar wirklich niemand) mehr trauen. Und ohne Vertrauen sind Sie geliefert.

Der Vertrauensexperte Stephen M. R. Covey schreibt dazu in seinem Bestseller *Schnelligkeit durch Vertrauen*: »Wir beurteilen uns selbst aufgrund unserer Absichten und andere aufgrund ihres beobachtbaren Verhaltens.«[4] Also, selbst wenn Sie aktiv verbergen, was Sie vorhaben, wird man Sie aufgrund dessen beurteilen, was sichtbar ist. Wenn Sie Erfolg haben wollen, halten Sie Informationen nicht zurück – seien Sie offen. Erklären Sie Ihre Absichten so, dass man Ihr Handeln nicht falsch interpretieren kann.

> Die Erklärung unserer Absichten in Gesprächen, besonders in kontroversen oder hoch relevanten Gesprächen, ist entscheidend zur Erzeugung von gegenseitigem Verständnis, wenn nicht sogar gegenseitigem Einverständnis.

Ein Prinzip, das ich in einem PR-Seminar gelernt habe, werde ich nie vergessen. Frei interpretiert lautete es: »Wo echte Fakten fehlen, denken die Menschen sich etwas aus.« Die Erklärung unserer Absichten in Gesprächen, besonders in kontroversen oder hoch relevanten Gesprächen, ist entscheidend zur Erzeugung von gegenseitigem Verständnis, wenn nicht sogar gegenseitigem Einverständnis.

Vor ein paar Monaten plante Peter, ein junger Kollege, eine Besprechung mit mir über Outlook. Obwohl es keine Tagesordnung, ja nicht mal eine Betreffzeile gab, stimmte ich aus Respekt ihm gegenüber dem Treffen zu. Ich kannte ihn nicht allzu gut, deshalb war eine Besprechung ungewöhnlich, aber nicht völlig unangebracht. Schließlich saßen wir irgendwie unbehaglich in einem Konferenzraum, wo das hauptsächlich von Peter geführte Gespräch etwa eine Viertelstunde lang herumeierte. Er sprach über eine Reihe lose miteinander verbundener Themen mit Fragen, Kommentaren und sogar Beurteilungen zu nahezu jedem Projekt, das ich führte. Peter schien mir Feedback geben zu wollen, aber weil die Themen so beliebig waren und eine so große Bandbreite hatten, konnte ich nicht erkennen, worauf sein Fokus lag.

Ich verlor die Geduld und fragte geradeheraus nach dem Zweck des Treffens. Peter geriet ins Stottern und versuchte es zu verdeutlichen, eierte aber weitere zunehmend irritierende Minuten herum. Schließlich sagte ich: »Es tut mir leid, aber ich habe immer noch keine Vorstellung vom Zweck unseres Gesprächs. Wir sprechen eine Menge Themen an, aber ich verstehe nicht, wie ich Ihnen helfen kann.« Lassen Sie mich hinzufügen, dass ich Peter für einen feinen Kerl halte, er hat einen guten Charakter, ist fleißig, gebildet und engagiert. Wir sind vielleicht nicht in allen Punkten einer Meinung, aber er erinnert mich an eine jüngere Version meiner selbst (das ist sowohl ein Kompliment als auch eine Kritik). Dennoch hörte ich mit wachsendem Argwohn zu und fragte mich, ob die ganze Sache meine Zeit wert war. Klar, die Mitarbeiter sind wichtig – aber das waren auch die beiden großen Projekte, die ich an diesem Tag abschließen musste.

Ich unternahm einen weiteren Vorstoß, mir Klarheit zu verschaffen. Diesmal erläuterte Peter, was er die ganze Zeit im Sinn gehabt hatte. Es ging um ein Thema, das sich stark von all den »Wegbereitern« unterschied, die bis hierhin berührt worden waren. Peter hatte einen sehr entschiedenen Standpunkt zu etwas, das meiner Unterstützung bedurfte. Jetzt sprach er überzeugend, und ich beugte mich vor und hörte aufmerksam zu.

Das ist ein Vorteil, wenn Sie Ihre Absichten deutlich machen. Wenn jemand spricht, wirbeln uns Menschen nämlich allerhand

Gedanken und Emotionen durch den Kopf. Tatsächlich bieten wir einen Großteil unserer Aufmerksamkeit und Energie dafür auf, die Absichten des anderen zu erkennen und uns eine Reaktion zurechtzulegen. Doch eine klare Erklärung der Absichten durchdringt den Lärm und die mentalen Störgeräusche, die echtes Zuhören verhindern. Und ich stellte fest, dass mir genau das passiert war. Mit einem Mal verschwanden all die Irritationen und die negativen Geschichten aus meinem Kopf, und ich konnte mich auf das tatsächliche Problem konzentrieren. Leider hatte es fast 55 Minuten eines 60-minütigen Meetings gedauert, um dorthin zu gelangen!

Als die Besprechung vorüber war und wir den Konferenzraum verließen, sagte Peter: »Das ist besser gelaufen, als ich dachte.«

»Was meinen Sie damit?«, erwiderte ich.

»Sie schüchtern einen ganz schön ein, Scott«, erklärte er, »und ich dachte, das würde ein sehr schwieriges Gespräch werden.«

Wow! Peters Mangel an Organisiertheit und Deutlichkeit hatte mich frustriert, sogar verärgert. Und nun stellte sich heraus, dass seine Unfähigkeit, die Dinge beim Namen zu nennen und von vornherein seine Absichten zu erklären, teilweise auf Angst zurückzuführen waren. Ich vermute, er hatte einen klaren Zweck im Kopf gehabt, aber mein vorheriges Verhalten und mein Ruf hatten ihn glauben gemacht, dass Arroganz und Einschüchterung mein »Markenzeichen« wären. Ehrlich gesagt fühle ich mich nicht verantwortlich für seinen Anteil an der Besprechung, aber ich achte jetzt mehr darauf, wie ich für andere bei der Umsetzung dieses Prinzips einen positiven oder negativen Beitrag leisten kann.

Wenn Sie das nächste Mal in einem Gespräch sind, bei dem etwas fehlinterpretiert werden könnte, rufen Sie sich diesen Gedanken von Dr. Blaine Lee ins Gedächtnis, dem Autor von *The Power Principle: Influence with Honor:* »Fast jeder, wenn nicht sogar jeder Konflikt entsteht durch nicht zueinander passende oder unerfüllte Erwartungen.«[5] Sorgen Sie dafür, dass die Leute das hören und sehen, von dem Sie beabsichtigen, dass sie es hören und sehen sollen. Je weniger deutlich Sie sind, desto größer ist Ihre Verantwortung dafür, dass es ihnen an Klarheit mangelt.

Die eigenen Absichten erklären

- Achten Sie mal darauf, wie oft Sie ein Gespräch damit beginnen, Ihre Absichten zu erklären. Kommunizieren Sie klar Ihre Ziele, oder lassen Sie die Leute raten?

- Bitten Sie andere frühzeitig darum zu bestätigen, dass ihnen Ihre Absichten klar sind.

- Überlegen Sie, wie Sie es für andere sicher (oder unsicher) machen, ihre Absichten zu benennen. Was sollten Sie nicht mehr, häufiger oder anders machen?

- Denken Sie an eine herzliche Beziehung mit gegenseitigem Respekt, in der Sie jedoch den anderen verdächtigen, Sie falsch interpretiert zu haben oder nicht ganz zu verstehen, worauf Sie hinauswollen. Treffen Sie mit ihm eine informelle Verabredung (zum Beispiel auf eine Tasse Kaffee), und versuchen Sie, eine Absichtserklärung in das Gespräch einzuflechten.

- Wenn Sie Ihre Absichten erklären, sorgen Sie dafür, dass Sie es aufrichtig und in Übereinstimmung mit Ihrem Handeln tun.

- Das Mitteilen Ihrer Absichten kann durchaus ein Maß an Mut verlangen, das für Sie nicht selbstverständlich ist. Es ist besser, diese Fähigkeit zu trainieren, als sich mit den Folgen auseinanderzusetzen, wenn Sie es nicht tun.

Tag 1	Tag 2	Tag 3	Tag 4	Tag 5
Bescheiden-heit demons-trieren	Den Überfluss denken	Zuerst zuhören	Die eigenen Absichten erklären	Verpflich-tungen eingehen und halten

Tag 6	Tag 7	Tag 8	Tag 9	Tag 10
Das Klima selbst bestimmen	Vertrauen schenken	Vorbild für Work-Life-Balance sein	Die richtigen Leute an die richtige Stelle setzen	Sich Zeit nehmen für Beziehungs-pflege

Tag 11	Tag 12	Tag 13	Tag 14	Tag 15
Die eigenen Paradigmen überprüfen	Schwierige Gespräche führen	Tacheles reden	Mut und Rücksicht ins Gleich-gewicht bringen	Loyalität zeigen

Tag 16	Tag 17	Tag 18	Tag 19	Tag 20
Ungestraft die Wahrheit sagen lassen	Fehler korrigieren	Kontinuier-lich coachen	Das Team vor Druck schützen	Regelmäßig Einzel-gespräche führen

Tag 21	Tag 22	Tag 23	Tag 24	Tag 25
Andere schlau sein lassen	Visionen schaffen	Die Mega-wichtigen Ziele (MWZ) feststellen	Maßnahmen auf die Megawich-tigen Ziele abstimmen	Dafür sorgen, dass die Systeme Ihre Mission stützen

Tag 26	Tag 27	Tag 28	Tag 29	Tag 30
Ergebnisse liefern	Erfolge feiern	Hochwertige Entscheidun-gen treffen	Durch Ver-änderungen führen	Besser werden

Verpflichtungen eingehen und halten

Schaden Sie Ihrer Glaubwürdigkeit durch zu viele unerfüllte Versprechungen? Sind Sie ein notorischer Zu-viel-Versprecher?

E s fällt mir leicht, Verpflichtungen einzugehen. Während ich dies schreibe, habe ich mich zu Folgendem verpflichtet:

- eine wöchentliche Radiosendung auf iHeartRadio zum Thema Führung zu moderieren,
- gleichzeitig drei Bücher zu verfassen oder mitzuverfassen,
- einen wöchentlichen Blog-Beitrag zu schreiben,
- eine wöchentliche Kolumne für das Magazin *Inc.* zu schreiben,
- eine wöchentliche Online-Interviewsendung zu machen,
- täglich eine Führungsweisheit für das Radio und die sozialen Medien aufzunehmen,
- einen Kurs in meiner Kirche zu leiten,
- eine Fundraising-Aktion zu leiten,
- in einem Marketingausschuss mitzuwirken,
- vier bis fünf Personen jederzeit ein Karriere-Coaching zu geben,
- ins Fitnessstudio zu gehen und zu trainieren,
- drei Jungen großzuziehen,
- unter den oben aufgeführten Umständen verheiratet zu bleiben.

Und noch eine Reihe anderer, nicht so bedeutender Dinge. Ihre Liste wird sich je nach beruflicher Position und Lebensweise unterscheiden, aber ich wette, sie ist ähnlich lang.

Das Problem bei dieser Challenge liegt darin, Verpflichtungen einzugehen und zu *halten*. Ich muss das jetzt alles leisten – und Sie auch! Und ich gebe offen zu: Bei mindestens einer davon werde ich versagen. Ich bürde mir ständig zu viel auf und kann unmöglich alles auf dem überragenden Niveau schaffen, das ich mir wünsche. Und Sie?

Viele der Challenges in diesem Buch spiegeln die Diskrepanz zwischen dem, was ich zu Beginn meiner Laufbahn für effektive Führung *hielt,* und dem, was die Realität erwies. Und aus irgendeinem Grund ist gerade diese Challenge eine, der ich mich immer wieder stellen muss, denn ich habe sie noch immer nicht ganz gemeistert. Um einen meiner Kollegen zu zitieren: »Ich habe das Prinzip voll und ganz verstanden; ich habe es nur noch nicht auf mein Leben übertragen.«

Angesichts des Kalibers der Ratschläge, die ich im Laufe der Jahre erhalten habe, sollte man meinen, dass ich diese Challenge überwunden habe. Sogar damals im Jahr 2007, als ich eine neue Position bei FranklinCovey annahm, sagte mir eine Kollegin: »Scott, versprich wenig und halte umso mehr.« Und wie die meisten weisen Ratschläge gehen mir ihre Worte noch heute nach.

Damals tat ich es ab, was diese Kollegin mir gesagt hatte, weil ich fand, es widerspreche dem Arbeitsethos »Tu, was immer notwendig ist«. (Rückblickend betrachtet war das ein Irrtum.) Aber ich erinnere mich an den Gehalt ihres Rates: *Bürde dir nicht zu viel auf, Scott, und schaff dir den Ruf, dass du ein paar Projekte umsetzt, andere eben nicht. Mach einfach das, von dem du sagst, dass du es tust, und zwar mit größtmöglicher Wirksamkeit.*

Ich habe die Angewohnheit, zu viel Wert auf Aktivitäten zu legen und nicht ausreichend zu unterscheiden, welche davon mit der höchsten Qualität umgesetzt werden sollten. Nicht, dass meine Arbeit nachlässig wäre – im Gegenteil, ich würde behaupten, meine Ergebnisse sind außerordentlich gut. *Aber nur diejenigen, die ich auch tatsächlich erbringe.* Und nun könnten sogar die gefährdet sein. In meinem Karriereportfolio gibt es einige Projekte, zu denen ich mich verpflichtet hatte (wie ich hoffe, sind sie bei den meisten Menschen in Vergessenheit geraten), die aber nie abgeschlossen wurden. Ich habe eigentlich kein Problem damit,

> Ich habe eigentlich kein Problem damit, Nein zu sagen. Ich sage den ganzen Tag Nein. Aber Ja sage ich viel lieber, besonders zu Projekten, die es mir ermöglichen, im Hinblick auf Vision, Einfluss und Einzigartigkeit große Würfe zu machen.

Nein zu sagen. Ich sage den ganzen Tag Nein. Aber Ja sage ich viel lieber, besonders zu Projekten, die es mir ermöglichen, im Hinblick auf Vision, Einfluss und Einzigartigkeit große Würfe zu machen. Außerdem sagt diese kleine Stimme in meinem Hinterkopf: »Selbst wenn ich 15 Prozent der Leute enttäusche, weil ich nicht liefere, halten die restlichen 85 Prozent mich immer noch für einen Rockstar.«

Vergleichen Sie das mit Stephen M. R. Covey, einem der weltweit führenden Autoritäten in Sachen Vertrauen. Stephen ist sehr gefragt: Sein bekanntes Buch *Speed of Trust*[6] wurde über 2 Millionen Mal verkauft. Er hält zwar mehrmals in der Woche Keynote-Vorträge, und es ist für ihn keineswegs ungewöhnlich, binnen vier Tagen in vier verschiedene Länder zu reisen, aber er ist trotzdem sehr vorsichtig beim Eingehen von Verpflichtungen. Im Gegensatz zu mir meint er alles, was er sagt. Wenn er Nein sagt, meint er das auch. Und wenn er Ja sagt, meint er das ebenfalls. Er fängt an und bringt es zu Ende. Wenn ich 8 von 10 bin, dann ist Stephen 8 von 8.

Neulich sprach ich Stephen darauf an, seine globale Bekanntheit zu erhöhen, und schlug ihm ein gemeinsames Brainstorming vor, wie wir ihn als Autor in einige wichtige Business-Veröffentlichungen hineinbekommen könnten. Er sagte gleich: »Nein, danke.« Höflich und respektvoll, wie es seine Art ist, erklärte er mir, dass seine geringe Sichtbarkeit als Kolumnist oder Mitwirkender nicht auf mangelnde Gelegenheiten zurückzuführen sei – er wurde häufig von Herausgebern um Kolumnen oder Artikel gebeten und hatte die meisten davon abgelehnt. Er wollte sich einfach nicht in die Situation bringen, jemanden zu enttäuschen, indem er eine Deadline versäumte oder die Leistung nicht erbringen konnte.

Falls Sie Steven schon mal bei einer Konferenz oder bei einem Event Ihres eigenen Unternehmens erlebt haben, wissen Sie, dass eines seiner Markenzeichen, abgesehen von seiner unstrittigen Glaubwürdigkeit, seine sorgfältige Vorbereitung ist. Er ist geradezu besessen von der Recherche über seine Kunden und passt seine

Inhalte an ihre kulturellen und marktbezogenen Themenbereiche an, und er hört sich ihre Bedürfnisse an, um sicherzustellen, dass sich seine Zeit bei ihnen lohnt. Tatsächlich lehnt er fast so viele Vortragsgelegenheiten ab, wie er annimmt, denn zusätzliche Verpflichtungen könnten seine Vorbereitungszeit für diejenigen verringern, denen er bereits zugesagt hat. Er lässt sich tatsächlich täglich Geld durch die Lappen gehen, um zu gewährleisten, dass diejenigen, denen er die Zusammenarbeit bereits zugesichert hat, sein Bestes erhalten. Man erlebt nur selten, dass Unternehmen oder Individuen eine Geschäftsgelegenheit ausschlagen, wenn sie auf Kosten ihrer Bestleistung für bereits bestehende Verpflichtungen geht. Wie viele von uns haben das Gegenteil getan und Ja gesagt – und damit nicht nur die bestehenden Aufträge, sondern auch den gerade zusätzlich angenommenen gefährdet?

Roger Merrill, Dr. Coveys Co-Autor beim Buch *Der Weg zum Wesentlichen*, sagte: »Wenn Sie ein Versprechen abgeben, erzeugen Sie Hoffnung; wenn Sie es halten, erzeugen Sie Vertrauen.«[7]

Jeder hat eine unterschiedliche Bandbreite im Hinblick auf seine Kapazitäten und die Fähigkeit, seine Verpflichtungen bestmöglich zu erfüllen. Wenn Sie im Dilemma von zu großen Versprechungen und zu geringen Leistungen feststecken, versuchen Sie mal, ungewohnte Zurückhaltung zu üben, wenn Sie das nächste Mal von einem Kollegen, einem Freund oder Familienmitglied um etwas gebeten werden. Diese versuchen Sie vielleicht, ohne es zu wissen, über die Grenze Ihrer Belastbarkeit hinauszubringen. Unsere Kapazität, etwas zu machen, ist immer größer als unsere Kapazität, etwas ausgezeichnet zu machen. Kein vernünftiger Mensch kann einer Antwort wie dieser etwas entgegenhalten:

»Ich wäre wirklich sehr gerne dabei, aber es ist mir so wichtig, Sie und andere, denen gegenüber ich mich bereits verpflichtet habe, nicht zu enttäuschen, dass ich leider ablehnen muss. Wenn sich am Maß meiner derzeitigen Verpflichtungen irgendetwas ändert, sage ich Ihnen natürlich Bescheid. Ganz herzlichen Dank für Ihr Vertrauen in mich.«

Wenn Ihnen das im Augenblick schwerfällt, denken Sie an eine Kurzversion: »*Ich melde mich dazu bei Ihnen.*« Dieser schlichte Satz gibt Ihnen Raum zwischen Anfrage und Antwort – Zeit, um Ihre Verpflichtungen und Ihre Verfügbarkeit zu prüfen. Wenn Sie dann wieder anrufen und absagen müssen, kann eine nett formulierte Antwort sogar als noch wohlüberlegter betrachtet werden, als wenn Sie die Anfrage gleich von vornherein abgelehnt hätten.

Erinnern Sie sich an diese Fundraising-Kampagne, die ich als eine meiner Verpflichtungen aufgeführt habe? Es gibt eine gute und eine schlechte Nachricht. Die gute ist, damit bin ich fertig. Die schlechte ist, mit den anderen nicht!

Hier beende ich diese Challenge. Ich liebe es, Ja zu sagen. Aber ich muss das Neinsagen noch mehr lieben. Denken Sie daran, 8 von 8 ist *viel* besser als 8 von 10. Der Unterschied ist die zweite Zahl der Gleichung, nicht die erste (und das ist der springende Punkt).

Verpflichtungen eingehen und halten

- Wählen Sie ein Projekt oder eine Beziehung aus, die Ihre Aufmerksamkeit braucht.

  - Identifizieren Sie in diesem Bereich ein nicht erfülltes Versprechen.
  - Wie können Sie es realistisch einlösen?
  - Gestehen Sie dem Betroffenen gegenüber ein, dass Sie Ihr Versprechen (noch) nicht eingelöst haben, und justieren Sie die Erwartungen, ob und wann Sie das tun werden, nach.

- Praktizieren Sie bei Ihrem nächsten »Moment der Wahl« Integrität, indem Sie bereit sind, höflich Nein zu sagen.

- Machen Sie eine Bestandsaufnahme Ihrer gegenwärtigen Verpflichtungen. Bestimmen Sie realistisch, ob Sie einige davon ablegen müssen. Es kann Ihr größtes Geschenk sein, sich daraus zurückzuziehen, ehe Sie damit scheitern und weitere Erwartungen enttäuschen.

- Sorgen Sie dafür, dass Ihre Verpflichtungen ausgewogen sind – Arbeit, Spiel, Gesundheit, Weiterentwicklung, Reichweite und so weiter.

Tag 1	Tag 2	Tag 3	Tag 4	Tag 5
Bescheidenheit demonstrieren	Den Überfluss denken	Zuerst zuhören	Die eigenen Absichten erklären	Verpflichtungen eingehen und halten
Tag 6	**Tag 7**	**Tag 8**	**Tag 9**	**Tag 10**
Das Klima selbst bestimmen	Vertrauen schenken	Vorbild für Work-Life-Balance sein	Die richtigen Leute an die richtige Stelle setzen	Sich Zeit nehmen für Beziehungspflege
Tag 11	**Tag 12**	**Tag 13**	**Tag 14**	**Tag 15**
Die eigenen Paradigmen überprüfen	Schwierige Gespräche führen	Tacheles reden	Mut und Rücksicht ins Gleichgewicht bringen	Loyalität zeigen
Tag 16	**Tag 17**	**Tag 18**	**Tag 19**	**Tag 20**
Ungestraft die Wahrheit sagen lassen	Fehler korrigieren	Kontinuierlich coachen	Das Team vor Druck schützen	Regelmäßig Einzelgespräche führen
Tag 21	**Tag 22**	**Tag 23**	**Tag 24**	**Tag 25**
Andere schlau sein lassen	Visionen schaffen	Die Megawichtigen Ziele (MWZ) feststellen	Maßnahmen auf die Megawichtigen Ziele abstimmen	Dafür sorgen, dass die Systeme Ihre Mission stützen
Tag 26	**Tag 27**	**Tag 28**	**Tag 29**	**Tag 30**
Ergebnisse liefern	Erfolge feiern	Hochwertige Entscheidungen treffen	Durch Veränderungen führen	Besser werden

Das Klima selbst bestimmen

Wie würde Ihr Team Ihren Führungsstil in stürmischen Zeiten beschreiben? Und wie in ruhigen?

I n den 1980er-Jahren war Stone Kyambadde ein semiprofessioneller Fußballspieler kurz vor dem Aufstieg in die ugandische Nationalliga. Bei einem Spiel wurde er von einem Gegner absichtlich am Knie verletzt, was seine Fußballkarriere innerhalb eines Sekundenbruchteils beendete. Stone war gezwungen, sein Leben, sein Leistungsspektrum und seine Zukunft neu aufzubauen. Statt sich in Selbstmitleid zu suhlen, investierte Stone seine Fußballleidenschaft in das Training und die Weiterentwicklung eines Teams gefährdeter Jugendlicher im ugandischen Kampala. Mithilfe des Sports half Stone jungen Männern, inmitten von Armut und Gewalt zu verantwortungsvollen, proaktiven Erwachsenen zu werden. 30 Jahre später floriert sein Team, und Stone verbreitet seine positive Botschaft von Hoffnung und Ausdauer in aller Welt.

In einem Video, das in FranklinCoveys Weiterbildungsseminar *Die 7 Wege zur Effektivität*® hervorgehoben wird, taucht Stone als Musterbeispiel einer »Transition Person« auf – jemand, der entscheidend dazu beiträgt, den Kreislauf negativer Verhaltensweisen und Entscheidungen zu durchbrechen. (Schauen Sie sich dieses mitreißende Video auf *ManagementMess.com* an.) Stone repräsentiert viele Führungsqualitäten: Proaktivität, Entschiedenheit, Vergebung, Vision, Leidenschaft und Engagement, um nur einige zu nennen. Aber die Eigenschaft, die Stone meiner Meinung nach am besten verkörpert, nennt sich »das Klima selbst bestimmen«. Diese Vorstellung ist davon geprägt, wie empfänglich wir für äußere Einflüsse sein können. Führungskräfte, die das Klima selbst bestimmen, trainieren emotionale Disziplin und widerstehen der Versuchung, sich von äußeren Dramen ablenken zu lassen.

Und wer täte sich damit nicht schwer? Ich ganz bestimmt. Die Selbstregulation von Emotionen ist ein zentraler Teil der emotionalen Reife. Wenn ich auf meine berufliche Laufbahn zurückblicke, kann ich meine Fortschritte bestenfalls als »zwei Schritte vor, einer zurück« zusammenfassen. Es geht in die richtige Richtung, aber der Input – die Erbringung einer geschäftlichen Leistung (zwei Schritte vorwärts) – konkurriert gegen meine Auswahl von

Outputs: sich noch am selben Tag aufführen wie ein Vollidiot (ein Schritt zurück). Mein Berufsweg ist reich an Ergebnissen und reich an Verstößen – niemals illegal, unmoralisch oder unethisch; nur ein ständiges impulsives Reagieren auf Dinge, das mit etwas mehr Selbstbeherrschung nicht meiner Glaubwürdigkeit geschadet oder anderen ein schlechtes Vorbild gegeben hätte.

Abgesehen von Stone kenne ich noch einen weiteren Menschen, der dieses Konzept besser verkörpert als jeder andere, dem ich je begegnet bin. Dabei handelt es sich zufälligerweise um Bob Whitman, Vorstand und CEO von FranklinCovey. Ja, ich weiß, was Sie jetzt denken: Das habe ich mir schlau ausgedacht, dass ich dem Mann in den Hintern krieche und damit gleichzeitig mein Buch und mein Gehalt nach oben bringe. Aber Sie irren sich, wenn Sie glauben, ich könnte irgendetwas beeinflussen, indem ich eine begeisterte (Einschleim-) Beurteilung seiner Führungsqualitäten verfasse. Ich wünschte natürlich, es wäre so. In seinem Leben voller überragender Erfolge stand Bob auch vor entscheidenden Herausforderungen. Seine Fähigkeit, solche Prüfungen zu meistern und dieses Prinzip zu verkörpern, macht sein Beispiel nur umso beachtenswerter.

Ich habe Tausende Stunden im Büro des CEOs verbracht. Bob behält immer die Ruhe. Er ist so geerdet wie niemand sonst, den ich kenne, selbst wenn er Nachrichten erhält, die mich und die meisten anderen komplett aus der Bahn werfen würden. Das Klima selbst zu bestimmen heißt nicht, dass man frei von Gefühlen ist. Bob ist kein Roboter; er kann frustriert und verärgert sein wie wir alle. Aber er bestimmt das Klima selbst, indem er bewusst sein

> Wenn unsere Emotionen ausgelöst werden, vergessen wir leicht, dass wir über unsere Reaktion entscheiden können. Kernpunkt der besagten 7 Wege ist Gewohnheit: Seien Sie proaktiv, denn es gibt einen Raum zwischen dem, was uns passiert, und wie wir darauf reagieren. In diesem Raum liegt unsere Freiheit und Macht, unsere Reaktion auszuwählen.

Temperament kontrolliert. Er ist schwer aus der Ruhe zu bringen, weil er sein »emotionales Ruder« fest auf die Leitlinien ausgerichtet lässt, die seine innerste Überzeugung ausmachen, und er lässt niemals zu, dass Menschen oder Situationen diese Ausrichtung beeinträchtigen. Bob sagte mir mal, die wahre Persönlichkeit einer Führungskraft zeige sich darin, wie stark sie äußerlich mit dem übereinstimmt, was sie im Inneren denkt und fühlt. Verdammt, ist das schwer! Ich würde sagen, näher kann man der absoluten Authentizität nicht kommen.

Also, reden wir mal Klartext. Wünsche ich mir manchmal, Bob würde sich mehr freuen? Ganz sicher. Kann ich manchmal nicht glauben, dass er nicht strenger auf unverschämtes Verhalten reagiert? Ja, nur nicht auf meines, bitte. Er bleibt ein großartiges Beispiel für jemanden, der das Klima jederzeit selbst bestimmt, Hochs und Tiefs.

Wenn unsere Emotionen ausgelöst werden, vergessen wir leicht, dass wir über unsere Reaktion entscheiden können. Kernpunkt der besagten *7 Habits* ist Gewohnheit 1: Seien Sie proaktiv, denn es gibt einen Raum zwischen dem, was uns passiert, und wie wir darauf reagieren. In diesem Raum liegt unsere Freiheit und Macht, unsere Reaktion auszuwählen. Wir alle erleben Situationen, in denen wir versucht sind, ohne nachzudenken rasch zu reagieren. Hier manifestiert sich die Entscheidungsmöglichkeit zum Bestimmen des Klimas.

Das können Sie tun, um das Klima selbst zu bestimmen:

- Definieren Sie Ihre persönlichen und beruflichen Werte (von denen Ihr Verhalten in guten wie in stürmischen Zeiten abhängt).
- Wenn Sie in eine Situation geraten, die Sie emotional zu überwältigen droht, halten Sie inne. Atmen Sie durch, und denken Sie sorgfältig über eine Reaktion nach, für die Sie sich hinterher nicht entschuldigen müssen und bei der andere nicht in Stücke gerissen werden.

- Wägen Sie Ihre Reaktion bewusst ab, um sie später nicht zu bereuen. Seien Sie sich darüber im Klaren, dass die meisten raschen Reaktionen nicht Ihre Empfindungen eine Stunde (geschweige denn einen Tag) später repräsentieren. Sie können Folgendes sagen: »*Könnten Sie mir ein paar Stunden Zeit geben, um über meine Position nachzudenken, damit sie mit dem übereinstimmt, was ich später darüber denken und fühlen werde?*«
- Lassen Sie sich nicht von hochemotionalen Menschen anstecken. Nicht jedes Gespräch erfordert eine sofortige Reaktion von Ihnen. Manchmal genügt ein einfaches: »Danke, dass Sie mir das erzählt haben«.

Wenn Sie das Klima selbst bestimmen, denken Sie daran, dass Sie ihr eigener Meteorologe sind. Ihnen gefällt das Wetter nicht? Dann ändern Sie es.

Das Klima selbst bestimmen

- Identifizieren Sie Menschen oder Umstände, die Sie zu emotionalen Reaktionen veranlassen.

- Wenn solche emotionalen Situationen eintreten:

  - Wenden Sie die auf den vorherigen Seiten aufgeführten Strategien an.
  - Falls Sie mehr Zeit brauchen, um auf eine emotionale Unterhaltung oder Situation zu reagieren, nehmen Sie sie sich. Gehen Sie spazieren, oder führen Sie irgendwelche Aktivitäten durch, die es Ihnen ermöglichen, sich von den momentanen Emotionen abzukoppeln. Halten Sie inne, denken Sie nach, und beurteilen Sie die Situation oder den Auslöser und die Reaktion, die mit Ihrem wahren Ich übereinstimmt, dann fahren Sie fort.
  - Wenn Sie eine schwierige oder emotionale E-Mail-Antwort entwerfen, schicken Sie sie nicht ab, ehe Sie nicht mindestens zweimal über den Text nachgedacht haben. Sie können ihn auch an sich selbst schicken, um ihn noch mal zu lesen und zu überarbeiten.

- Als Ihr eigener Meteorologe schreiben Sie die metaphorische Wettervorhersage für den Tag in Ihren Planungskalender. Seien Sie proaktiv und zielgerichtet im Hinblick auf das Klima, das Sie an diesem Tag begleiten soll.

Tag 1	Tag 2	Tag 3	Tag 4	Tag 5
Bescheidenheit demonstrieren	Den Überfluss denken	Zuerst zuhören	Die eigenen Absichten erklären	Verpflichtungen eingehen und halten

Tag 6	Tag 7	Tag 8	Tag 9	Tag 10
Das Klima selbst bestimmen	Vertrauen schenken	Vorbild für Work-Life-Balance sein	Die richtigen Leute an die richtige Stelle setzen	Sich Zeit nehmen für Beziehungspflege

Tag 11	Tag 12	Tag 13	Tag 14	Tag 15
Die eigenen Paradigmen überprüfen	Schwierige Gespräche führen	Tacheles reden	Mut und Rücksicht ins Gleichgewicht bringen	Loyalität zeigen

Tag 16	Tag 17	Tag 18	Tag 19	Tag 20
Ungestraft die Wahrheit sagen lassen	Fehler korrigieren	Kontinuierlich coachen	Das Team vor Druck schützen	Regelmäßig Einzelgespräche führen

Tag 21	Tag 22	Tag 23	Tag 24	Tag 25
Andere schlau sein lassen	Visionen schaffen	Die Megawichtigen Ziele (MWZ) feststellen	Maßnahmen auf die Megawichtigen Ziele abstimmen	Dafür sorgen, dass die Systeme Ihre Mission stützen

Tag 26	Tag 27	Tag 28	Tag 29	Tag 30
Ergebnisse liefern	Erfolge feiern	Hochwertige Entscheidungen treffen	Durch Veränderungen führen	Besser werden

Vertrauen schenken

Denken Sie an einen Menschen,
der an Sie geglaubt und Ihnen
Vertrauen geschenkt hat.
Reflektieren Sie darüber, wie sich
das bis heute auf Sie auswirkt.
Werden Sie dasselbe für Ihre
Mitarbeiter tun?

n der heutigen Business-Welt wird sehr viel über Vertrauen geschrieben und gesprochen. Fragen Sie sich: *Neige ich eher dazu, anderen zu vertrauen oder ihnen zu misstrauen?* Geht Ihre natürliche Tendenz in die Richtung, dass Sie anderen gegenüber eher Skepsis verspüren, oder können Sie Ihr Vertrauen sogar denen entgegenbringen, die es noch gar nicht in vollem Umfang »verdient« haben? Abraham Lincoln sagte einmal: »Wer vertraut, wird gelegentlich enttäuscht, aber wer misstraut, fühlt sich die ganze Zeit elend.«

Jeder Erfolg, den ich in meinem Leben erzielt habe, geht unmittelbar auf Menschen zurück, die mir ihr Vertrauen geschenkt und es mir dadurch ermöglicht haben, eine entscheidende Führungseigenschaft zu erwerben. Einige fallen mir sofort ein:

- Verantwortungsgefühl – Jane Begalla. Als Kinder lebten wir Tür an Tür, und als Jane dann zum Studium wegging, vertraute sie mir genug, um mir ihren heiß geliebten Backwarenstand auf dem Bauernmarkt des Ortes zu überlassen. Ich betrieb ihn einige Jahre lang und verdiente mir während der High-School-Zeit ein nettes Sümmchen.
- Der Wunsch zu führen – Sam Romeo. Sam war mein Lehrer in der zwölften Klasse und Förderer der Schülermitverwaltung. Er glaubte an mich, setzte sich für mich ein und regte mich dazu an, an der Wahl zum Schülersprecher teilzunehmen (und sie zu gewinnen). (Mein Slogan lautete »It's Miller Time«, eindeutig ohne Genehmigung von der Miller Brewing Company geklaut.)
- Harte Arbeit – Patrice Hobby und ihr damaliger Ehemann Bill Hobby. Gemeinsam halfen sie mir, der jüngste zugelassene Immobilienmakler in meinem Landkreis zu werden, und ermunterten mich, mit 20 meine erste Immobilie zu verkaufen. Sie vertrauten mir auch implizit mit ihren Unternehmen, ihren Häusern, ihren Autos – wirklich allem. Offen gestanden habe ich das manchmal missbraucht (sagen wir einfach,

eine Collegeparty könnte auf ihrem Besitz stattgefunden haben – und mit »Besitz« meine ich ihr teures Townhouse). Sie glaubten weiterhin an mich, auch wenn ich es gar nicht verdiente.

- Vision – Frank Stansberry. Frank war an der Uni mein Public-Relations-Professor und ein glühender Fan von mir. Er ermutigte mich, ein Praktikum bei Disney anzufangen, was wiederum zu meinem ersten Vollzeitjob führte.
- Mentor sein – Deborah Claesgens. Deborah war meine erste Vorgesetzte bei Disney Development Company. Sie war sehr streng mit mir, aber ich glaube, sie schätzte mich mehr für das, was ich werden konnte, als für das, was ich war. Sie setzte enormes Vertrauen in mich (manchmal blindes Vertrauen, fürchte ich), und ihr verdanke ich meine gesamte Karriere.
- Mut zeigen – Bill Bennett. Bill war der Vorgesetzte, der mehr an mich glaubte, als ich es jemals selbst tat. Sie finden ihn noch mal in Kapitel 15: Loyalität zeigen.

Ich könnte mühelos Dutzende Menschen aufführen, die mir im Laufe meines Lebens erhebliches Vertrauen geschenkt haben. Ich glaube, ich habe sie nie richtig gewürdigt, ehe ich anfing, dieses Kapitel zu schreiben.

Es gibt einen Menschen, den ich besonders hervorheben möchte: Bob Guindon. Er war unser Chef für internationale Abläufe und sorgte für den Übergang der britischen FranklinCovey-Niederlassung vom Lizenznehmerstatuts zum unternehmenseigenen Betrieb. Während dieses Wandels standen wir vor der Aufgabe, die Prozesse aus zwei Jahrzehnten neu aufzubauen, uns um Dutzende Klienten zu kümmern, Verkaufspersonal einzustellen, den Umsatz aufrechtzuerhalten und zu steigern und Systeme neu zu schaffen.

Bob hatte offenbar mein Abschneiden in der Weiterbildungsabteilung beobachtet und bot mir die Chance, von Utah nach Großbritannien zu ziehen, um ihm bei der Umstrukturierung des Büros zu helfen. Ich kann gar nicht beschreiben, wie aufgeregt ich war.

Das war so etwas, wie man es in den Büchern anderer liest, nicht in meinen. Ich fühlte mich geehrt, wichtig, demütig und ekstatisch.

Ich verbrachte neun Monate in Großbritannien und war ein solcher Management-Muffel, dass es mich schaudert, wenn ich daran denke. Ich nehme an, es war, als wäre ein 20-jähriger Tony Robbins in eine englische Kleinstadt geschneit und hätte ein Büro mit 30 ordentlichen, korrekten, routinierten Beschäftigten geentert, die sich nun fragten, was zum Teufel da passierte. Ein Tornado namens Scott war hereingebrochen, mit einer nervtötenden amerikanischen Persönlichkeit und dem Motto »Ich kann alles, ihr auch!«, und er ließ sich einfach nicht aufhalten.

Ich vereinbarte mehrere Kundengespräche täglich, tatsächlich war ich aber immer zu spät oder versäumte sie gleich ganz, während ich versuchte, mich im Kreisverkehr und auf zweispurigen Schnellstraßen (ein schicker Name für Autobahnen) zurechtzufinden, und das in einem Auto mit Schaltgetriebe, dessen Lenkrad sich rechts befand und noch dazu auf der »falschen« Straßenseite.

Wenn ich nicht gerade die Straßen blockierte, stellte ich im Büro jeden nur denkbaren Prozess auf den Kopf. Ich stellte generell jeden Aspekt des Status quo infrage. Rückblickend betrachtet hat mein Wirbelsturm zweifellos ein paar Dinge in Gang gesetzt, aber mit welchem Ergebnis, das kann ich nicht mit Gewissheit sagen.

Die Zeit in Großbritannien brachte mich persönlich ein riesengroßes Stück voran, und das, obwohl ich meistens ziemlich durch den Wind war. Das schien für Bob keine Rolle zu spielen. Damals wusste ich noch nicht, dass er vor allem in mich investierte – nicht nur für die britische Umstrukturierung, sondern für die Zukunft des Unternehmens. Und auch für meine eigene Zukunft, so machen das nämlich gute Chefs. Sein Vertrauen in mich ging weit über das hinaus, was ich verdiente, und dieser bleibende Eindruck hat sich nachhaltig auf meinen eigenen Führungsstil ausgewirkt. Ich versuche bei jeder Gelegenheit, meinen Teammitgliedern Vertrauen zu schenken, so wie es mir während meines ganzen Lebens geschenkt wurde.

Vertrauen schenken

- Ich habe eine Aufgabe für Sie, die wertvoll genug ist, um ihr die folgenden beiden Seiten zu widmen. Viele Autoren würden wohl vorschlagen, dass Sie sich etwas Zeit nehmen, um die folgende Übung außerhalb der Lektüre ihres Buches durchzuführen, aber ich will, dass Sie sie gleich hier und jetzt machen. Vergessen Sie, was man Ihnen Ihr ganzes Leben lang über das Kritzeln in Büchern und den nachlässigen Umgang mit Eigentum erzählt hat. Das ist *unser* Buch, es darf ruhig ein bisschen chaotisch sein – das ist schließlich meine Spezialität.

- Wie Sie sehen, sind die folgenden beiden Seiten dieses Buches leer, mit Ausnahme von ein paar Aufzählungspunkten. Ich möchte, dass Sie auf der ersten Seite alle Menschen auflisten, die Ihnen in Ihrem Leben Vertrauen geschenkt haben (schreiben Sie ihre Namen aus, so wie ich es in Challenge 7 getan habe). Neben ihren Namen machen Sie eine Notiz, die Sie daran erinnert, was ihr Vertrauen Ihnen bedeutet hat, jetzt vielleicht sogar noch mehr als damals.

- Wenn Sie mit der Liste fertig sind (die lang sein sollte, wenn Sie es ordentlich machen), vervollständigen Sie die rechte Seite.

- Hier sollen Sie die Namen der Leute in Ihrem Team, Ihrer Abteilung, Organisation, Familie, Gemeinde und so weiter aufschreiben. Neben dem Namen notieren Sie, wie es aussehen könnte, ihnen Vertrauen zu schenken – etwas, das Sie noch nicht getan haben. Schreiben Sie ein paar Maßnahmen, Ideen oder Projekte auf, bei denen Sie mit Ihrem Vertrauen potenziell eine Menge leisten könnten. Seien Sie möglichst konkret.

- Und nun schenken Sie ihnen Vertrauen. Der Schaden kann kaum schlimmer sein als die Entscheidung, mich in unser umzustrukturierendes britisches Büro zu schicken.

Menschen, die mir ihr Vertrauen geschenkt haben

....

....

....

....

....

....

....

....

....

....

....

Menschen, denen ich Vertrauen schenken möchte

....

....

....

....

....

....

....

....

....

....

....

Tag 1	Tag 2	Tag 3	Tag 4	Tag 5
Bescheiden-heit demonstrieren	Den Überfluss denken	Zuerst zuhören	Die eigenen Absichten erklären	Verpflichtungen eingehen und halten

Tag 6	Tag 7	Tag 8	Tag 9	Tag 10
Das Klima selbst bestimmen	Vertrauen schenken	Vorbild für Work-Life-Balance sein	Die richtigen Leute an die richtige Stelle setzen	Sich Zeit nehmen für Beziehungspflege

Tag 11	Tag 12	Tag 13	Tag 14	Tag 15
Die eigenen Paradigmen überprüfen	Schwierige Gespräche führen	Tacheles reden	Mut und Rücksicht ins Gleichgewicht bringen	Loyalität zeigen

Tag 16	Tag 17	Tag 18	Tag 19	Tag 20
Ungestraft die Wahrheit sagen lassen	Fehler korrigieren	Kontinuierlich coachen	Das Team vor Druck schützen	Regelmäßig Einzelgespräche führen

Tag 21	Tag 22	Tag 23	Tag 24	Tag 25
Andere schlau sein lassen	Visionen schaffen	Die Megawichtigen Ziele (MWZ) feststellen	Maßnahmen auf die Megawichtigen Ziele abstimmen	Dafür sorgen, dass die Systeme Ihre Mission stützen

Tag 26	Tag 27	Tag 28	Tag 29	Tag 30
Ergebnisse liefern	Erfolge feiern	Hochwertige Entscheidungen treffen	Durch Veränderungen führen	Besser werden

Vorbild für Work-Life-Balance sein

Wenn Paparazzi Ihnen vorige Woche auf den Fersen gewesen wären, hätten sie ein ausgewogenes Verhältnis von Aktivitäten bei der Arbeit und außerhalb der Arbeit beobachten können? Welche Auswirkungen hat das?

Ein Geheimnis geistert in der Unternehmenswelt herum, und das heißt »Work-Life-Balance«. Das ist so eine Redewendung, die Sie als äußerst wichtigen Unternehmenswert diskutieren sollten. Aber das Geheimnis ist, dass wir es gar nicht so meinen. Nicht wirklich. Wir sprechen zwar ganz offen darüber, unsere Zeit und Aufmerksamkeit zu strukturieren, um einen effektiven Ausgleich von Berufs- und Privatleben zu schaffen (zwinker, zwinker, stups, stups), aber jeder weiß doch, wenn Sie *wirklich* als Führungskraft Erfolg haben wollen, klotzen Sie so viele Stunden rein, wie Sie nur können. Sie sind morgens der Erste im Büro und gehen als Letzter – scheiß aufs Privatleben. Für all diejenigen, die glauben, es hätte sich etwas geändert: Laut einer 2018 veröffentlichten Studie, der Umfrage *The Project: Time Off,* erklärten 24 Prozent der Amerikaner, dass sie seit über einem Jahr keinen Urlaub mehr genommen hätten, und 52 Prozent gaben an, Ende 2017 noch ungenutzte Urlaubstage gehabt zu haben.[8]

So war das nicht immer. Vor 30 Jahren war mein Vater mittlere Führungskraft bei einem Fortune-500-Unternehmen. Ich kann mich erinnern, dass sein Büro ihn nur ein- oder zweimal abends zu Hause angerufen hat – im Verlauf von drei Jahrzehnten. Sein Chef rief nie zu Hause an. Bis Anfang der 1990er-Jahre war die Arbeit beendet, wenn man das Büro verließ, egal welche Position man innehatte. Sicher, man hat darüber nachgedacht, aber niemand erwartete, dass man sich bis zum kommenden Arbeitstag damit beschäftigte (und ganz sicher setzte man am Wochenende andere Schwerpunkte).

Diese überlieferte Weisheit scheinen wir im Laufe der Jahre aus den Augen verloren zu haben. Meiner Ansicht nach kann man ohne die energiespendenden und aufbauenden Aktivitäten, die außerhalb des Büros stattfinden, nicht »ganz« oder erfüllt sein. Und wenn Sie nicht in mehreren Lebensbereichen erfüllt sind, dann sind Sie bei der Arbeit vermutlich nicht so produktiv. Studien sehen sogar einen Zusammenhang zwischen einem aktiven Sexleben und höherer beruflicher Zufriedenheit und Bindung (um das klarzustellen, damit ist kein aktives Sexleben *bei* der Arbeit gemeint). Die Sache ist: Je erfüllter Sie sich fühlen, desto produktiver sind Sie. Und je produktiver Sie sind, umso weniger Stunden müssen Sie sich bei der Arbeit schinden. Umgekehrt gilt: Je elender Sie sich fühlen, umso weniger produktiv sind Sie. Also brauchen Sie mehr Arbeitszeit, um alles zu schaffen. Das ist ein Teufels- oder Engelskreis, je nachdem, wo Sie aufspringen.

Ich habe eine ganze Weile gebraucht, um das herauszufinden. Ob ich es in den Griff bekommen habe? Nicht mal ansatzweise. Ich falle immer wieder in die alten Muster zurück und sage Ja, nehme große Aufträge an, sage für Keynote-Reden auf der anderen Seite der Welt zu und so weiter. Und seien wir mal ehrlich, dank der Technologie ist es so schwierig wie nie zuvor, eine Work-Life-Balance zu finden – und es wird immer schlimmer. Die Grenze zwischen Arbeit und Leben ist so verschwommen, dass man sie kaum noch erkennen kann. Klar, ich kenne Leute, die voller Stolz ihre militante Befolgung der Work-Life-Abgrenzung verkünden. Das sind dieselben Menschen, die bei einem gemeinsamen Abendessen die Rechnung aufdröseln und 41 Prozent davon bezahlen, weil Sie zwei Gläser Wein getrunken haben und Ihr Gegenüber nur eins. Ich wünsche ihnen alles Gute bei ihrer Hardcore-Balance. *Getrennte Rechnungen bitte … und getrennte Tische.*

Da fast jedes private Unternehmen eine globale Präsenz braucht, um wettbewerbsfähig zu sein, steigen die Erwartungen, dass wir unsere Technologie nutzen, um miteinander verbunden zu bleiben. Oft im Austausch gegen ständige Verfügbarkeit erhalten viele von uns flexiblere Arbeitsumgebungen. Tatsächlich haben viele Unternehmen eine flexible Urlaubsregelung für ihre bezahlten Mitarbeiter: »Nehmen Sie sich, was Sie brauchen, aber liefern Sie Ergebnisse.«

Klingt wie ein vernünftiges Geben und Nehmen. Aber irgendwie werde ich den Verdacht nicht los, dass hier

> Nicht vergessen: Es ist *Ihr* Leben, also verbringen Sie es nicht ausschließlich mit Arbeit.

mehr Geben (»aber liefern Sie Ergebnisse«) als Nehmen (»so viel Urlaub, wie Sie brauchen«) im Spiel ist. Wie viele von Ihnen haben im vergangenen Kalenderjahr mehr als zehn Urlaubstage genommen (und ich meine damit keine Feiertage)? Ich nicht, so viel sei verraten, und das liegt nicht daran, dass ich nicht wusste, wohin ich sonst gehen oder was ich sonst tun sollte. Entweder handelte ich nach meiner Gewohnheit, Ja zu sagen, oder ich arbeitete weiter in der irrigen Annahme, dass freie Tage mich weniger produktiv statt produktiver machen würden. Willkommen bei den Management-Muffeln. Mir ist klar, dass dieses Paradigma vielleicht eher auf Amerika bezogen ist, aber die Welt wird ja nicht weniger wettbewerbsorientiert, also verwalten Sie Ihre berufliche Laufbahn dementsprechend.

Es gibt einen Grund, warum wir diese Challenge »Vorbild für Work-Life-Balance sein« und nicht bloß »Befürworter sein« nennen. Wenn Führungskräfte kein eigenes Leben haben, erregen Sie bei ihren Mitarbeitern nicht nur Mitleid, sondern setzen auch sehr niedrige Maßstäbe für das Verhalten anderer, ob bewusst oder unbewusst.

Nicht vergessen, es ist *Ihr* Leben, also verbringen Sie es nicht ausschließlich mit Arbeit. Um ein weitverbreitetes Zitat zu wiederholen: Niemand hat sich auf dem Sterbebett jemals gewünscht, mehr Zeit im Büro verbracht zu haben. Keiner kann Ihnen die richtige Balance vorschreiben – das entscheiden Sie. Wir alle haben unterschiedliche Werte (persönliche und berufliche), verschiedene Phasen unserer Laufbahn, finanzielle Ansprüche, Kompetenzen, Ängste und so weiter. Lassen Sie nicht andere darüber entscheiden, was Ihnen wichtig ist. Ich sehe keine Notwendigkeit, Ihnen die Zeit zu stehlen und mich hier noch länger darüber auszulassen, *warum* Sie für Ausgleich sorgen und sich Zeit für sich selbst nehmen sollten. Das ist uns dank der ganzen Bücher, die sich dafür aussprechen, hinlänglich bekannt. Ich möchte die Zeit jetzt lieber dafür aufwenden, zu erklären, warum es für Sie als Führungskraft wichtig ist, anderen in dieser Hinsicht ein Vorbild zu sein.

Abgesehen von der Investition in sich selbst ist das, was Sie vorleben, auch recht wahrscheinlich das, was Sie bei Ihren Kollegen erleben werden. Ihre Leute müssen wissen, dass es für sie sicher ist, sich freie Zeit zu nehmen. Sie mögen daran glauben, dass Ihr Verhalten sich auf sie überträgt, oder auch nicht, aber vertrauen Sie mir: Das tut es. Ihre Teammitglieder ziehen Schlüsse darüber, was akzeptabel ist und was nicht, und zwar aufgrund dessen, was Sie sagen und was Sie tun. Wenn Sie wirklich wollen, dass Ihre Mitarbeiter ein ausgewogenes Leben führen, das ihnen ein Gefühl der Erneuerung, der Sinnhaftigkeit und der erhöhten Produktivität am Arbeitsplatz verleiht, dann müssen Sie das vorleben.

Ein ausgewogenes Leben heißt nicht notwendigerweise, dass man Urlaub nimmt. Führungskräfte müssen sich Zeit nehmen, um in sich selbst zu investieren, um Hobbys zu pflegen und an ihrer Gesundheit und ihren Beziehungen zu arbeiten. Wir müssen auch ein bisschen mehrdimensionaler werden, damit wir nicht von unserer Arbeit definiert werden. Jeder von uns hatte schon Phasen in seinem Leben, die eher um die Karriere kreisten –, und das ist auch okay, solange es auf eine Phase beschränkt bleibt. Denken Sie daran, Phasen vergehen, oder jedenfalls sollten sie das.

Nutzen Sie niemals die Ausrede, dass Sie sich keinen Urlaub nehmen können, weil Sie hinterher nur umso mehr zu tun haben, wenn Sie wieder da sind. Das trifft wahrscheinlich für uns alle zu. Aber dieselbe zweifelhafte Logik könnte auch auf das Duschen angewendet werden – duschen Sie niemals, weil sie ja hinterher doch wieder schmutzig werden.

Wenn Sie wirklich keinen Urlaub wollen oder sich keinen leisten können, ist das kein Grund zur Scham. Wer Single ist oder begrenzte soziale Kontakte hat, will vielleicht nicht allein verreisen. Andere in starker finanzieller Bedrängnis wollen diesen Stress einfach nicht vergrößern, indem sie versuchen, noch irgendwie einen Urlaub in das Budget zu quetschen. Das ist Ihre Sache, aber machen Sie das nicht zur Ausrede dafür, dass Sie auf der Arbeit kleben bleiben. Kündigen Sie an, dass Sie eine Woche freinehmen, und gehen Sie einfach. Es kann ja auch ein Urlaub zu Hause sein, es ist nichts dagegen einzuwenden. Setzen Sie sich auf die Couch, lassen Sie die Jalousien runter, und fangen Sie an zu häkeln. Rufen Sie keine Kollegen an, schicken Sie keine SMS und keine E-Mails. Denken Sie daran, auch Ihrem Team tut eine »Chefpause« mal gut.

Keinen Urlaub zu nehmen macht Sie zur Jammergestalt. Die Leute reden darüber. Das ist ganz schlecht für Ihr Image. Und was noch schlimmer ist, niemand hat Ambitionen auf Ihren Job. (Wer will schon so werden wie Sie?) Verschwinden Sie lieber für eine Woche, und erfinden Sie eine Reise nach Rom. Ich sehe schon die E-Mails, dass ich Sie zum Lügen anstifte, aber wenn Sie das mal aus dem Büro rausbringt, ist es mir das verstopfte Posteingangsfach wert.

Vorbild für Work-Life-Balance sein

- Machen Sie sich klar, dass die einflussreichsten Menschen ein ausgewogenes Leben führen.

- Erstellen Sie eine Liste leicht umsetzbarer Dinge, die Ihnen mehr Ausgleich schaffen könnten.

- Besprechen Sie mit Ihrem Team offen die Zwänge, denen alle ausgesetzt sind, die ihre Karriere vorantreiben und ihr Leben genießen wollen. Machen Sie es für jeden sicher, sich die notwendige Zeit für beides zu nehmen.

- Gestehen Sie ein, dass Work-Life-Balance auch für Sie eine Herausforderung ist. Jeder wünscht sich Authentizität und Verbundenheit bei seinem Chef.

- Überlegen Sie mit Ihrem Team, welche beobachtbaren Verhaltensweisen darauf hindeuten, dass eine gute Work-Life-Balance erreicht ist. Realisieren und verfechten Sie sie.

- Fordern Sie Kollegen auf, offen und ehrlich zu sagen, wenn sie den Eindruck haben, dass die Sache sich zu stark in eine Richtung entwickelt hat.

- Nehmen Sie sich Zeit zur Erholung, und ermutigen Sie Ihre Teammitglieder, dasselbe zu tun.

- Heißen Sie sie bei ihrer Rückkehr willkommen, und zeigen Sie echtes Interesse daran, was sie getan, gelernt oder genossen haben.

TEIL 2

Andere führen

Tag 1	Tag 2	Tag 3	Tag 4	Tag 5
Bescheidenheit demonstrieren	Den Überfluss denken	Zuerst zuhören	Die eigenen Absichten erklären	Verpflichtungen eingehen und halten

Tag 6	Tag 7	Tag 8	Tag 9	Tag 10
Das Klima selbst bestimmen	Vertrauen schenken	Vorbild für Work-Life-Balance sein	Die richtigen Leute an die richtige Stelle setzen	Sich Zeit nehmen für Beziehungspflege

Tag 11	Tag 12	Tag 13	Tag 14	Tag 15
Die eigenen Paradigmen überprüfen	Schwierige Gespräche führen	Tacheles reden	Mut und Rücksicht ins Gleichgewicht bringen	Loyalität zeigen

Tag 16	Tag 17	Tag 18	Tag 19	Tag 20
Ungestraft die Wahrheit sagen lassen	Fehler korrigieren	Kontinuierlich coachen	Das Team vor Druck schützen	Regelmäßig Einzelgespräche führen

Tag 21	Tag 22	Tag 23	Tag 24	Tag 25
Andere schlau sein lassen	Visionen schaffen	Die Megawichtigen Ziele (MWZ) feststellen	Maßnahmen auf die Megawichtigen Ziele abstimmen	Dafür sorgen, dass die Systeme Ihre Mission stützen

Tag 26	Tag 27	Tag 28	Tag 29	Tag 30
Ergebnisse liefern	Erfolge feiern	Hochwertige Entscheidungen treffen	Durch Veränderungen führen	Besser werden

Die richtigen Mitarbeiter an die richtige Stelle setzen

Wie viele Menschen in Ihrem Team haben die richtige Position? Müssen Sie Anpassungen vornehmen?

Die richtigen Menschen an die richtigen Stellen zu setzen ist oft komplexer, als es aussieht. Der Umgang mit Talenten kann wie ein Schachspiel sein – Strategien werden angewendet, die Realität schaltet sich ein, und mit einem einzigen Zug können Ihre wohlüberlegten Pläne in sich zusammenfallen. Der komplizierteste Teil Ihres Jobs ist es oft, wie Sie die Leute an die richtigen Positionen setzen: wen Sie einstellen und wen Sie die Abteilung wechseln lassen, wen Sie befördern und wohin, wann Sie jemanden versetzen und wann nicht und ob Sie jemanden daran erinnern (oder ihm direkt mitteilen) müssen, dass es Zeit ist zu gehen.

Der Aufbau eines erfolgreichen Teams kann eine Ihrer größten Führungsleistungen sein, wird aber nur selten in Echtzeit anerkannt oder belohnt. Tatsächlich hält man sie Ihnen wahrscheinlich erst dann zugute, wenn das Team aufgelöst wurde oder Sie den Arbeitsplatz gewechselt haben.

Ziemlich wahrscheinlich haben Sie schon erlebt, was passiert, wenn jemand mit den Fähigkeiten einer Königin dazu verdammt ist, immer nur als Turm zu spielen (oder schlimmer noch: als Bauer). Ich kenne jemanden, der meiner Einschätzung nach näher am Genie ist als irgendjemand sonst, dem ich je begegnet bin. Ich rede nicht von einer Begabung für Quantenphysik, sondern von einer überbordenden Kreativität und einem enormen Ideenreichtum. Dieser sehr erfahrene und außerordentlich charismatische Kollege (»Brandon«) hatte mindestens vier verschiedene Positionen als Leiter vier verschiedener Teams in derselben Organisation. Liebenswürdig ausgedrückt hatte er auch einen von ständigem Scheitern geprägten Lebenslauf. Und das, obwohl er die besten Absichten hat, jede Menge Begeisterung mitbringt, eine klare Vision hat und eine Arbeitsmoral an den Tag legt, die sogar mich noch anspornt. (Und ich bin als Duracell-Häschen bekannt – sogar *nach* 17 Uhr!) Brandon hatte nie die richtige Stelle.

Wahrscheinlich kennen Sie jemanden, dem es genauso geht –

der nicht richtig hineinpasst oder keinen Vorgesetzten hat, der seine Energie optimal für die ertragreichsten Projekte einsetzen kann. Wenn jemand permanent in der falschen Position ist, wird er tendenziell häufig wechseln (und das nicht, weil er die Mission erfüllt hätte). Ich habe viele Beispiele selbst erlebt – einige waren Erfolge, andere Misserfolge, aber immer geschah die Einstellung und Beförderung mit den besten Absichten:

- Der Angestellte mit 20-jähriger Betriebszugehörigkeit, der gute Leistung brachte, aber meist unter dem Radar flog. Zumindest so lange, bis ein Vorgesetzter ihn an eine entscheidende Unternehmenskampagne setzte, die von seinem enormen Fachwissen und Können profitierte. Seine gute Leistung sorgt jetzt für ein beispielloses Maß an positiven Karriereaussichten.
- Der hochkompetente Mitarbeiter, der viele erfolgreiche Initiativen gestartet hat. Jetzt, wo er auf eine höhere Führungsstelle versetzt wurde, kämpft er darum, sich bei seinen direkten Untergebenen Geltung zu verschaffen.
- Der frisch beförderte Mitarbeiter, der jetzt seine früheren Kollegen führt und unternehmensweit maßgebliche Verbesserungen einführt.
- Der langjährige Angestellte, der in einer Abteilung gute Ergebnisse hervorbringt und dann von einem anderen Cheftyp für eine ähnliche Position eingestellt wird. Da dieser neue Vorgesetzte spannendere Herausforderungen und Richtungen vorgibt, steigen der Einfluss und das Selbstvertrauen des Angestellten plötzlich exponentiell.
- Der hoch qualifizierte Technikexperte, der sich nie ganz an die Unternehmenskultur anpasst und das Geschäftsmodell nicht versteht. Er bleibt nicht lange in seiner Stelle und gibt dann die Schuld für seinen Abschied den anderen, dabei hätte er mit besserer Zusammenarbeit und Coaching von seinem Vorgesetzten deutlich besser abschneiden können.

In *Der Weg zu den Besten* schrieb der Business-Autor und Führungsexperte Jim Collins: »Holen Sie die richtigen Leute in den Bus, lassen Sie die falschen aussteigen, und setzen Sie die richtigen Leute auf die richtigen Plätze.«[9] Der Aufbau eines erfolgreichen Teams kann eine Ihrer größten Führungsleistungen sein, wird aber nur selten in Echtzeit anerkannt oder belohnt. Tatsächlich hält man sie Ihnen wahrscheinlich erst dann zugute, wenn das Team aufgelöst wurde oder Sie den Arbeitsplatz gewechselt haben.

Die Herausforderung für Führungskräfte ist, dass es kein Patentrezept gibt, das die richtigen Leute auf den richtigen Positionen garantiert (jedenfalls kenne ich keines). Für mich sind das gewissermaßen »die Jahre im Sattel«, das heißt, es erfordert eine ganze Menge Fehler und sogar gelegentliches Herunterfallen. Sie müssen sich aufrappeln und die Zügel wieder in die Hand nehmen. Das ist kein Talent, mit dem Sie auf die Welt kommen – es gibt keinen Workshop oder eine Liste der absolut besten Methoden, die man befolgen könnte. Es ist eine Kunst, keine Wissenschaft – Sie eignen es sich an, indem Sie es lernen und leben. Ich kenne eine Beschäftigte in unserer Firma, die seit 15 Jahren dabei ist und jetzt ihre siebte Stelle hat. Und alle sind sich einig, die siebte ist die richtige Stelle. Zum Glück haben wir (und sie) uns die Zeit genommen, das herauszufinden und hinzukriegen. Das heißt nicht, dass sie in ihren vorherigen Positionen falsch war, sondern dass sie jetzt ihre wahre Berufung gefunden hat, sie ist die richtige Person auf dem richtigen Platz, und die Organisation hat dadurch einen erheblichen Vorteil. Außerdem wirkt sie erfüllter, anerkannter und glücklicher, als ich sie je zuvor erlebt habe.

Wenn Sie den Prozess beschleunigen wollen, die richtige Person auf die richtige Stelle zu setzen, denken Sie sorgfältig über diese Fragen nach:

- Welche Fähigkeiten und Leidenschaften hat diese Person, und welche Art von Team kann davon am meisten profitieren?

- Welche Art von Vorgesetztem kann diese Person voranbringen und ihre Stärken nutzen?
- Mit welcher Art von Persönlichkeiten tut sich diese Person in der Zusammenarbeit schwer, und können Sie das frühzeitig berücksichtigen, offen besprechen und den Erfolg gewährleisten?
- Welche Systeme und Prozesse helfen dieser Person, die neue Position erfolgreich auszufüllen? Wird sie eingesetzt, um die Dinge selbst in Ordnung zu bringen, oder stehen ihr eine große Infrastruktur und umfangreiche Ressourcen zur Verfügung?
- Welche Kultur erlebt diese Person in ihrer neuen Position? Ist sie flexibel genug, sich an eine starke Kultur anzupassen, oder ist sie einflussreich genug, eine neue und bessere Kultur an- und einzuführen?
- Steigt diese Person von der Mitarbeiter- in die Vorgesetztenfunktion auf? Kann sie einige der Eigenschaften identifizieren und vielleicht ablegen, die sie erfolgreich gemacht haben, und neue Fähigkeiten erlernen, um andere zu inspirieren und zu führen? Sind Sie in der Position, diese Person zu coachen und ihr zum Erfolg zu verhelfen?
- Welche kleinen kontraproduktiven Eigenschaften haben Sie bei dieser Person bemerkt? Kann ein bedachtsames und mutiges Coaching sie minimieren oder sogar in Potenzial umwandeln?
- Welche Veränderungen könnten Sie an Ihrem eigenen Stil vornehmen, um den Erfolg und Einfluss der Person in ihrer neuen Position besser zu gewährleisten?

Erfolgreiche Führungskräfte stellen oft fest, dass sie so etwas wie das »Parship des Geschäftslebens« sind – sie begrüßen die Kunst, Passendes zusammenzubringen, und bringen die richtigen Leute auf die richtigen Positionen. Ich habe mir diese Kompetenz mühsam erarbeitet, und zwar erst, nachdem ich schon seit zehn Jahren in einer Führungsrolle tätig war. Viele Führungskräfte werden es nicht schaffen, hierin letztlich erfolgreich zu sein; entscheidend ist, wie schnell sie es mit möglichst wenigen Scheidungen hinkriegen.

Wo wir schon beim Thema sind, fragen Sie sich doch mal: »Bin *ich* in der richtigen Position? Wie kann ich das herausfinden? Gibt es eine andere Abteilung, ein anderes Team oder einen anderen Vorgesetzten, bei denen ich meine Kenntnisse besser erweitern und meinen Einfluss vergrößern könnte?« Scheuen Sie sich nicht, diese Fragen sich selbst und, vielleicht noch wichtiger, Ihrem Vorgesetzten zu stellen.

Die richtigen Leute an die richtige Stelle setzen

- Finden Sie die wahren Leidenschaften und Stärken einer Person heraus, damit Sie diese auf Ihre geschäftlichen Anforderungen abstimmen können.

- Verwenden Sie die Frageliste in dieser Challenge, um zu beurteilen, ob jemand eine andere Position bekleiden könnte.

- Bitten Sie andere um ihre Gedanken über Ihre Beobachtungen und Ansichten.

- Führen Sie mutige Gespräche über Situationen, die mit Persönlichkeit, emotionaler Reife, Selbstwahrnehmung und so weiter zusammenhängen. (Übrigens: Allzu viele Führungskräfte überspringen diesen Punkt und machen mit dem nächsten weiter.)

- Haben Sie den Mut, etwas gegen mangelhafte Übereinstimmung zu unternehmen.

Tag 1	Tag 2	Tag 3	Tag 4	Tag 5
Bescheiden-heit demonstrieren	Den Überfluss denken	Zuerst zuhören	Die eigenen Absichten erklären	Verpflichtungen eingehen und halten
Tag 6	**Tag 7**	**Tag 8**	**Tag 9**	**Tag 10**
Das Klima selbst bestimmen	Vertrauen schenken	Vorbild für Work-Life-Balance sein	Die richtigen Leute an die richtige Stelle setzen	Sich Zeit nehmen für Beziehungspflege
Tag 11	**Tag 12**	**Tag 13**	**Tag 14**	**Tag 15**
Die eigenen Paradigmen überprüfen	Schwierige Gespräche führen	Tacheles reden	Mut und Rücksicht ins Gleichgewicht bringen	Loyalität zeigen
Tag 16	**Tag 17**	**Tag 18**	**Tag 19**	**Tag 20**
Ungestraft die Wahrheit sagen lassen	Fehler korrigieren	Kontinuierlich coachen	Das Team vor Druck schützen	Regelmäßig Einzelgespräche führen
Tag 21	**Tag 22**	**Tag 23**	**Tag 24**	**Tag 25**
Andere schlau sein lassen	Visionen schaffen	Die Megawichtigen Ziele (MWZ) feststellen	Maßnahmen auf die Megawichtigen Ziele abstimmen	Dafür sorgen, dass die Systeme Ihre Mission stützen
Tag 26	**Tag 27**	**Tag 28**	**Tag 29**	**Tag 30**
Ergebnisse liefern	Erfolge feiern	Hochwertige Entscheidungen treffen	Durch Veränderungen führen	Besser werden

Sich Zeit nehmen für Beziehungspflege

Im Umgang mit Menschen
ist langsam schnell,
und schnell ist langsam.
Praktizieren Sie dieses Prinzip?

Stellen Sie sich das Frühstücksbüfett in Ihrem Lieblingshotel vor. Neben einem wenig aufregenden geschnittenen Laib Mischbrot liegen oft die Weißbrotscheiben und warten darauf, getoastet zu werden. In größeren Hotels reicht ein einfacher Toaster nicht aus – man benötigt eine dieser Toastmaschinen. Sie legen Ihr Brot auf den Metalldraht, und in etwa 45 Sekunden wird es perfekt getoastet in den darunter liegenden Ausgabeschacht geworfen.

Dieser Prozess hat bei mir noch nie funktioniert – nicht ein einziges Mal. Warum nicht? Wenn ich an der Reihe bin, mein Brot aufzulegen, stelle ich den Schalter instinktiv auf die schnellste Einstellung. Nicht, dass ich hellen Toast will; ich kann einfach chemisch, biologisch oder physisch nicht vor diesem quälend langsamen Gerät stehen, während es in aller Gemächlichkeit vor sich hintuckert. Ich drehe den Schalter bis zum Maximum, versuche die Sache zu beschleunigen und habe am Ende (Überraschung!) eine nur schwach erwärmte Toastbrotscheibe.

> Die meisten meiner Begegnungen stecke ich in einen metaphorischen Toaster und stelle ihn auf »schnell«. Es liegt an meiner impulsiven, ungestümen, effizienten Persönlichkeit, dass ich Menschen wie Toastbrot behandele. Und jetzt raten Sie mal, was dabei rauskommt? Etwas Schlabbriges.

Damit wären wir auch schon bei meinen Beziehungen zu anderen Menschen. Die meisten meiner Begegnungen stecke ich in einen metaphorischen Toaster und stelle ihn auf »schnell«. Es liegt an meiner impulsiven, ungestümen, effizienten Persönlichkeit, dass ich Menschen wie Toastbrot behandele. Und jetzt raten Sie mal, was dabei rauskommt? Etwas Schlabbriges.

Glücklicherweise habe ich, was den Zeitaufwand für andere Menschen angeht, etwas Wichtiges von Chuck Farnsworth gelernt, einem meiner ersten Vorgesetzten und Mentoren im Unternehmen. Es war zu einem frühen Zeitpunkt meines Berufslebens, ich arbeitete als Vertriebler für unsere Bildungsabteilung. Ich verkaufte Führungsentwicklungslösungen an Colleges und Universitäten, und Chuck war unser mitgründender Vizepräsident. Wir hatten eine große Dinner-Veranstaltung mit der Vizepräsidentin der Verwaltung der Ohio State University und ihrem Team. Die Vizepräsidentin hatte es nach ganz oben geschafft: Sie kam aus einem Fortune-50-Unternehmen und leitete jetzt den Campus, das Personal und zahllose weitere Aufgabenbereiche an einer der größten Universitäten der Vereinigten Staaten.

Mein Plan war ganz einfach: den Toaster auf »schnell« stellen und den riesigen Deal zügig zum Abschluss bringen. Und wenn ich sage »riesig«, dann meine ich RIESIG – das war wirklich eine große Sache für unsere Bildungsabteilung und für mich persönlich. Zum Glück war ich ein Verkäufer in seinen Zwanzigern mit reichlich Charisma und genügend Selbstvertrauen, um das durchzuziehen. Sobald wir am Tisch saßen, bestellte ich Vorspeisen für die ganze Gruppe. Es wäre eine sinnlose Zeitverschwendung gewesen herauszufinden, welche Gerichte die Anwesenden wollten (oder ob sie gegen irgendwas allergisch waren). Ich hatte alles unter Kontrolle. Ich war eine auf »Verkauf« geschaltete Lenkrakete. Rückblickend frage ich mich, was diese erfahrenen Mitarbeiter wohl von mir dachten.

Ich stieg sofort ins geschäftliche Gespräch ein und hoffte, unseren anhängigen Verkauf mündlich klarmachen zu können. Dann, zu einem recht frühen Zeitpunkt meiner auf Hochglanz polierten Routine, legte Chuck, wie ich mich lebhaft erinnere, unter dem Tisch die Hand auf mein Knie und verstärkte den Druck in einem absolut angemessenen Versuch, mich vor mir selbst zu schützen. Ich trat auf die Bremse. Zwar wusste ich nicht genau, was Chuck wollte, aber ich spürte, dass ich vom Weg abkam. Er lenkte das Gespräch dann mühelos um auf gemeinsame Interessen, unsere Familien und alle möglichen Themen, mit denen wir eine zuverlässige Bindung zu unserem Kunden herstellen konnten – Themen, die nichts mit dem potenziellen Verkauf zu tun hatten. Sie dürfen dreimal raten, ob wir den Deal am Ende bekamen.

Chuck ist ein Meister im Sich-Zeit-Nehmen für Beziehungen; nicht, weil er raffiniert, schlau oder routiniert ist, sondern weil er sich wirklich für andere interessiert – für ihre Erfolge und ihre Aufgaben. Seine Verkaufsphilosophie ist einfach: Er erfährt mehr über andere und ihre Bedürfnisse, und wenn er ihnen helfen kann, indem er ihnen eines unserer Angebote verkauft, super! Kommen wir zum Geschäftlichen. Wenn nicht, gehen wir wieder auseinander, und vielleicht kann ich einen anderen Anbieter empfehlen, der besser passt. Er ist ohne Zweifel der effektivste Mensch, den ich kenne, wenn es um die Zusammenarbeit mit Menschen geht – eine Fähigkeit, die jede Führungskraft braucht.

Um das klarzustellen: Mein Ringen mit dieser Challenge heißt nicht, dass ich Beziehungen grundsätzlich unterschätze. Ich beschleunige sie bloß gerne! Ich entschuldige mich auch nicht für meine Produktivität im Leben. Offen gesagt, ich bringe gerne Sachen zu Ende. Ich arbeite gerne hart und bringe andere dazu, Großartiges zu schaffen. Ich mag Deadlines und bin dafür bekannt, dass ich Dinge mit nervtötender Dringlichkeit zum Abschluss bringe. Ich werde wahrscheinlich nie darum gebeten, eine Grabrede zu halten oder ein Erntedankgebet zu sprechen, aber ich wäre der Erste, den man bittet, ein brennendes Haus zu evakuieren. Sie brauchen hinterher vielleicht eine Therapie, aber ich verspreche Ihnen, dass ich Sie lebend da raushole!

Ich lerne immer noch, langsamer zu werden – viel langsamer –, was den Umgang mit anderen betrifft. Dr. Covey sagte gerne: »Im Umgang mit Menschen ist langsam schnell, und schnell ist langsam.«[10]

Hier kommt ein Beispiel für dieses Prinzip, das großen Einfluss auf mich hatte. Jeden Morgen kaufe ich mir bei einem Hotelkiosk in der Nähe meiner Wohnung mehrere Zeitungen. Die Frau, die dort einige Jahre arbeitete, würde ich als zu gleichen Teilen erfahren wie derb beschreiben. Sie war nicht mehr jung, hatte einen schwer zuzuordnenden Akzent und hätte offensichtlich schon längst in Rente sein sollen. Es gehörte zu unseren Angewohnheiten, ein paar kurze Floskeln auszutauschen, während sie meine Zeitungen einscannte, meine Kreditkarte durchzog und Kommentare darüber abgab, wie teuer alles geworden war. Ich lächelte kurz und eilte nach draußen.

Bei etlichen Gelegenheiten beobachtete ich, dass diese Frau Schwierigkeiten mit dem Kartenlesegerät hatte, kurz angebunden mit den Kunden war oder nervös wurde, wenn jemand etwas umtauschen wollte. Genau genommen passierte das so oft, dass ich mich zunehmend ärgerte über etwas, das ich als fehlende Kompetenz und negative Einstellung betrachtete. Ich dachte sogar darüber nach, ihrem Chef zu sagen, es sei wohl an der Zeit, sie zu entlassen.

Eines Morgens, während wir unsere übliche Routine durchliefen, erklärte diese Frau, der nächste Tag werde ihr letzter sein: Sie würde endlich in den Ruhestand gehen und wieder nach Frankreich ziehen, um bei ihrer Tochter zu wohnen. Ich war etwas überrascht (ich hätte nicht gedacht, dass ihr Akzent ein französischer war), aber meine »Schnell«-Einstellung trieb mich dazu, wieder in meine Morgenroutine zurückzukehren. Ich murmelte rasch irgendeinen Glückwunsch und ging.

Ein paar Mal dachte ich an diesem Tag noch über unser kurzes Gespräch nach, ohne zu verstehen, warum mir die Angelegenheit selbst am späten Abend immer wieder in den Sinn kam. Im Umgang mit Menschen ist langsam schnell, und schnell ist langsam. Bei zahllosen Begegnungen mit dieser Frau war ich immer nur schnell gewesen. Ich fragte mich, wie hoch der Preis dafür war.

Am nächsten Morgen waren meine Empathie und mein Fokus auf »hoch« gestellt. Mein achtjähriger Sohn und ich kauften einen Blumenstrauß im Supermarkt und fuhren zu dem Hotelkiosk. Als wir hereinkamen, reichte mein Sohn ihr das Gebinde. Sie war sichtbar erstaunt. Dann hörte ich ihr zum ersten Mal richtig zu. In diesem kurzen Augenblick, den ich mir Zeit nahm für die Beziehungspflege, erfuhr ich binnen fünf Minuten mehr, als ich im ganzen vergangenen Jahr erfahren hatte. Sie verriet mir, dass sie in diesem Monat 80 werde, 13 Jahre im Hotel gearbeitet habe und in den USA lebe, seit sie 50 war. Geboren und aufgewachsen war sie in Rhodesien (heute Simbabwe) als weißes Mädchen in einer mehrheitlich schwarzen Umgebung. Sie erzählte, wie ihre Eltern ihr eine eiserne Arbeitsdisziplin vermittelt hatten (der Grund, warum sie immer noch arbeitete, obwohl sie längst hätte aufhören können) und wie sie sich mit zehn Jahren von ihrem eigenen Geld ihr erstes Fahrrad gekauft hatte. Sie freute sich darauf, Zeit mit ihrer Tochter in Frankreich verbringen zu können, aber als sie fortfuhr (wobei ihr Tränen über die Wangen strömten), gestand sie auch ein, wie viel Angst sie vor der Zukunft hatte.

Ihre Geschichte (die ich hier nur ungenügend wiedergeben kann) enthüllte eine erstaunliche Frau mit einem bemerkenswerten Leben. Weil ich nie auf den Gedanken gekommen war, langsamer zu machen und mir Zeit für sie zu nehmen, hatte ich eine sehr viel bedeutsamere Beziehung verpasst, und sei es auch nur für ein paar Minuten jeden Morgen. Aber wenigstens gingen wir nicht auf diese Weise auseinander.

Jeden Morgen, wenn ich meine Zeitungen am Kiosk kaufe, hoffe ich, dass es ihr gut geht.

Vor 20 Jahren wäre meine ständige »Schnell«-Einstellung unverändert geblieben. Aber heute arbeite ich daran (und versuche, meinen drei Söhnen diese Lektion zu vermitteln).

Für echte Beziehungen müssen wir langsamer werden, selbst wenn wir von allen Seiten gedrängt werden, schneller zu machen. Denn genau wie mein Toast (oder mein Schlabberweißbrot) erfordert unsere Effektivität als Führungskräfte (und Eltern), dass wir uns die Zeit nehmen, es gut zu machen.

Sich Zeit nehmen für Beziehungspflege

- Fragen Sie sich: Ist Ihre Standardeinstellung »schnell«? Falls ja, kommen Sie und andere dabei zu kurz? Steht Ihr Streben nach Effizienz einem dienlicheren Streben nach Effektivität im Wege?

- Machen Sie sich klar, dass man eine Beziehung nicht »effizient« aufbauen kann. Vertrauen, Respekt und ein harmonisches Verhältnis brauchen Zeit und Engagement.

- Werden Sie bewusst langsamer, und stellen Sie Verbindungen zu anderen auf die von ihnen bevorzugte Weise her.

- Nehmen Sie sich vor, einen Mitarbeiter oder einen Kollegen zu fragen, wie es ihm geht, und hören Sie seiner Antwort wirklich zu. Wenn es angemessen ist, gehen Sie der Antwort aufrichtig auf den Grund.

- Erkennen Sie Ihre Beurteilung von Zeitangelegenheiten:

  - Schenken Sie Menschen oder Situationen Zeit, die nicht mit Produktivität oder Wert verknüpft sind?
  - Ist Ihr Austausch mit anderen darauf ausgerichtet, Informationen zu erlangen oder Beziehungen zu stärken? Nehmen Sie sich vor, beides zu tun.

Tag 1	Tag 2	Tag 3	Tag 4	Tag 5
Bescheiden-heit demonstrieren	Den Überfluss denken	Zuerst zuhören	Die eigenen Absichten erklären	Verpflichtungen eingehen und halten

Tag 6	Tag 7	Tag 8	Tag 9	Tag 10
Das Klima selbst bestimmen	Vertrauen schenken	Vorbild für Work-Life-Balance sein	Die richtigen Leute an die richtige Stelle setzen	Sich Zeit nehmen für Beziehungspflege

Tag 11	Tag 12	Tag 13	Tag 14	Tag 15
Die eigenen Paradigmen überprüfen	Schwierige Gespräche führen	Tacheles reden	Mut und Rücksicht ins Gleichgewicht bringen	Loyalität zeigen

Tag 16	Tag 17	Tag 18	Tag 19	Tag 20
Ungestraft die Wahrheit sagen lassen	Fehler korrigieren	Kontinuierlich coachen	Das Team vor Druck schützen	Regelmäßig Einzelgespräche führen

Tag 21	Tag 22	Tag 23	Tag 24	Tag 25
Andere schlau sein lassen	Visionen schaffen	Die Megawichtigen Ziele (MWZ) feststellen	Maßnahmen auf die Megawichtigen Ziele abstimmen	Dafür sorgen, dass die Systeme Ihre Mission stützen

Tag 26	Tag 27	Tag 28	Tag 29	Tag 30
Ergebnisse liefern	Erfolge feiern	Hochwertige Entscheidungen treffen	Durch Veränderungen führen	Besser werden

Die eigenen Paradigmen überprüfen

Beurteilen Sie Menschen und Situationen korrekt?

Sie sind Ihr ganzes Leben lang belogen worden. Manche Lügen sind klein und werden Ihnen in Fernseh- oder Kinofilmen erzählt. Es ist für uns in Ordnung, auf diese Weise belogen zu werden – so sehr, dass es sogar einen Begriff dafür gibt: Aussetzung der Ungläubigkeit. Wir treffen eine Art Vereinbarung mit dem Regisseur: Wenn du versprichst, mich gut zu unterhalten, verspreche ich, meinen Unglauben an Außerirdische und einen Helden, der einhändig das Universum rettet, auszusetzen. Wir akzeptieren diese kleinen Lügen als harmlose Unterhaltung. Andere Lügen sind größer, und wir erzählen sie oft über andere und ihre Absichten. Auch für diese Art von Lügen gibt es eine Bezeichnung: fundamentaler Attributionsfehler. Einer der Gründe, warum wir diese größeren Lügen in unserem Leben zulassen, ist, dass wir nicht innehalten, um unsere Paradigmen zu überprüfen.

Dr. Covey hat den aus dem Griechischen stammenden Begriff »Paradigma« bekannt gemacht. Er bezeichnet ein Muster, ein Modell oder die Repräsentation von etwas. Unsere Paradigmen sind die Wahrnehmungen, Bezugsrahmen, Weltanschauungen, Wertesysteme oder Filter, durch die wir alles und alle betrachten, einschließlich uns selbst. Ob richtig oder falsch, sie verleihen unserer Welt Sinnhaftigkeit und wirken sich darauf aus, wie wir interpretieren, was wir sehen und erleben, und wie wir mit anderen interagieren.

Unsere Paradigmen sind vielleicht die mächtigsten Werkzeuge, über die wir bei der Interaktion mit anderen verfügen. Es lohnt sich, ernsthaft zu überprüfen, warum wir andere so sehen, wie wir es tun, und alle Fehlwahrnehmungen oder nicht mehr zutreffenden Überzeugungen zu korrigieren.

Ich hatte mal eine ziemlich erfolgreiche Freundin in der Filmbranche, deren Name in zahlreichen Abspannen auftauchte und die hauptsächlich in der Produktion sowohl von Kino- als auch von Fernsehfilmen tätig war. Diese Freundin sagte einmal etwas ganz nebenbei, an das sie sich bestimmt nicht erinnern kann (und auch wenn sie es wahrscheinlich nicht mit derselben Ernsthaftigkeit geäußert hat, mit der ich es aufgenommen habe, gehen mir ihre Worte nun doch seit 30 Jahren nicht mehr aus dem Kopf). Im Hinblick auf einen aufstrebenden Schauspieler bemerkte sie: »Den hab ich schon gekannt, als er noch ein Nichts war.« Diesen Satz habe ich sie noch mehrfach über andere Schauspieler sagen hören.

Nicht dass ihre Worte besonders unfreundlich oder gemein waren, ist bei mir hängen geblieben, sondern die Tatsache, dass sie eines ihrer Paradigmen offenlegten. Im Laufe ihrer Karriere hatte diese frühere Freundin mit zahlreichen berühmten Menschen zusammengearbeitet. Viele davon hatten als sprichwörtlich brotlose Künstler begonnen, traten in freien Theaterprojekten auf und lebten von der Hand in den Mund, ehe sie sich zu Ruhm und Reichtum emporarbeiteten (anders als Sie und ich, die wir ohne harte Arbeit oder Erfahrung direkt in die Vorstandsetage katapultiert wurden; ich empfehle wärmstens diese zweite Strategie – bitte mailen Sie mir unter scott.miller@franklincovey.com und erzählen Sie mir, wie es bei Ihnen geklappt hat). Ihr vorherrschendes Paradigma schien zu sein, dass niemand seinen Erfolg wirklich verdiente.

Damit war man auf immer mit seinen Anfängen verknüpft, was natürlich absurd ist, weil wir ja alle irgendwo angefangen haben – mit Ausnahme von Angehörigen der Königsfamilien, und mein Eindruck ist, dass viele von denen gerne da rauswollen. Die Macht dieses Paradigmas prägte ihre Gedanken, ihr Handeln und ihre Überzeugungen im Hinblick auf viele Menschen ihres Bekanntenkreises. Sie hatte ein festgelegtes Paradigma darüber, wer die Leute waren, wenn sie »anfingen«, nicht, wer sie schließlich wurden. Ich entpuppte mich selbst als Management-Muffel, als ich in dieselbe Beschränktheitsfalle stolperte.

Ich arbeitete seit über zehn Jahren mit »Andy« zusammen, und wir hatten außerhalb der Arbeit Freundschaft geschlossen. Wir gingen gemeinsam zu Familiengeburtstagen, tauschten uns am Grill über berufliche Herausforderungen aus, und er war für mich wirklich jemand, den ich respektierte und dem ich vertraute. Aber trotz unserer Freundschaft und unseres langen gemeinsamen Berufswegs hatten wir ein ziemlich öffentliches Zerwürfnis (eines von weniger als einer Handvoll in meinem ganzen Leben, aber dennoch schmerzlich).

Als ich Andy kennenlernte, war er gerade frisch in den Job eingestiegen – jung, kompetent und fleißig. Da ich sowohl älter als auch länger in der Firma war, stützte ich einen Teil meines Paradigmas auf die unternehmensinterne Hackordnung: *Ich bin weiter oben auf der Karriereleiter als du.* Und ehrlich gesagt: Ein nicht geringer Teil meines Selbstwertgefühls hing von meinem Platz auf der Leiter ab, deshalb fühlte es sich gut an, ein paar Sprossen zwischen uns zu haben, zumindest für mich.

Das Problem bei diesem Paradigma war, dass Andy aufgrund seiner harten Arbeit, seiner erfolgreichen Projekte und seiner wachsenden beruflichen Kompetenz befördert wurde. Die ganze Zeit überprüfte ich mein Paradigma nicht oder ergründete, warum mir Hierarchie so wichtig war. Unser Zerwürfnis hatte mit der unvermeidlichen Kollision zwischen meinem überholten Paradigma und einer neuen Realität zu tun. Wie arrogant von mir.

Das Ganze passierte, als Andy, der jetzt direkt an einem Projekt für den CEO arbeitete, um »noch nicht erledigte« Arbeitsproben meines Teams bat. Ich bin der Erste, der eingestehen würde, dass Andy einfach seine Arbeit machte und das durchführte, was der CEO ihm aufgetragen hatte. Alles schön und gut, aber ich hatte schon seit langer Zeit den Grundsatz, niemals »noch nicht erledigte« Arbeit zu präsentieren, weil das selten, wenn überhaupt jemals, beim CEO zu guten Ergebnissen führte. Die Projekte meines Teams waren so beschaffen, dass es von Vorteil war, wenn die Stakeholder ein fertiges oder so gut wie fertiges Produkt zu sehen bekamen, statt sich mühsam vorstellen und begreifen zu müssen, wie die »noch nicht erledigte« Arbeit am Ende zu einem Ganzen wurde. Nicht die Art der Anfrage selbst (die grundsätzlich vernünftig war) stellte mein Paradigma auf die Probe, sondern die Tatsache, dass ich Andy als einen »Rangniedrigeren« betrachtete. Statt also meinen Standpunkt zu erläutern und anzubieten, selbst mit dem CEO zu sprechen, um das Ziel der Anfrage besser verstehen zu können, interpretierte ich die Sache als Respektlosigkeit eines Untergebenen meinen Arbeitsabläufen gegenüber. Ich reagierte barsch, ließ ihn öffentlich vor meinem Team auflaufen und schickte ihn mit leeren Händen weg.

Aus welchen Gründen auch immer, mein Paradigma in Bezug auf Andy und seine Position war starr verankert geblieben. Das ist keine Entschuldigung für mein Verhalten, aber es hilft mir zu verstehen, *warum* ich mich so benommen habe und warum ich mich ändern muss.

Später an diesem Tag und im Verlaufe der nächsten paar Tage versuchte ich, mich zu entschuldigen, aber unser Verhältnis war irreparabel geschädigt. Mit der Weisheit des Zurückblickenden wurde mir völlig offensichtlich, dass Paradigmen zwar als Wahrheit anfangen können, im Laufe der Zeit aber oft ihre Berechtigung verlieren. Eine negative Sichtweise muss nicht immer mit einem unangemessenen Paradigma enden. Ein Paradigma kann eine Momentaufnahme sein. Wenn Sie es allzu lange unüberprüft lassen, merken Sie vielleicht gar nicht, wie die Menschen (und sogar die Welt) um Sie herum sich verändern. Das war eine schwierige Lektion, traurigerweise für uns beide.

Zum Glück für Andy brauchte er mich nicht für seinen Erfolg und ist inzwischen zu einem hochrangigen Mitarbeiter des Unternehmens geworden. Und ich habe intensiv daran gearbeitet, genau darauf zu achten, wie ich Menschen, Situationen und die Beschaffenheit meiner Paradigmen betrachte. Ich kann aufrichtig vermelden, dass ich darin besser geworden bin, als ich einmal war.

Unsere Paradigmen sind vielleicht die mächtigsten Werkzeuge, über die wir bei der Interaktion mit anderen verfügen. Es lohnt sich, ernsthaft zu überprüfen, warum wir andere so sehen, wie wir es tun, und alle Fehlwahrnehmungen oder nicht mehr zutreffenden Überzeugungen zu korrigieren.

Die eigenen Paradigmen überprüfen

- Erstellen Sie eine Liste aller Mitarbeiter, die Ihnen unterstellt sind. Überdenken Sie Ihr gegenwärtiges Paradigma für jeden Einzelnen davon im Hinblick auf seine berufliche Kompetenz oder seine Beförderungswürdigkeit. Sind Sie bereit, die Genauigkeit Ihres Paradigmas zu hinterfragen? Könnte es unvollständig sein?

- Wenn Sie Ihr gegenwärtiges Paradigma für jemanden aufheben müssten, könnte er sich ein anderes verdienen? Falls ja, wie? Was wäre nötig, damit Sie es »sehen«?

- Wenden Sie diese Challenge auf sich selbst an. Bitten Sie einen vertrauenswürdigen Freund oder Kollegen, Ihnen sein Paradigma von Ihnen zu verraten – als Führungskraft, als Freund, als Kollege oder in der Rolle, die Sie für ihn einnehmen. Bringen Sie die Reife und Einsicht mit, in das Paradigma hineinzuwachsen, das Sie bei anderen gerne erzeugen möchten?

- Das Überprüfen von Paradigmen erfordert oft eine intensive, anhaltende Selbstbetrachtung, damit es funktioniert. Das ist keine »schnelle Sache«. Fragen Sie sich: *Bin ich bereit, den Preis zu bezahlen, um meine Einstellung zu verändern?*

Tag 1	Tag 2	Tag 3	Tag 4	Tag 5
Bescheiden-heit demonstrieren	Den Überfluss denken	Zuerst zuhören	Die eigenen Absichten erklären	Verpflichtungen eingehen und halten

Tag 6	Tag 7	Tag 8	Tag 9	Tag 10
Das Klima selbst bestimmen	Vertrauen schenken	Vorbild für Work-Life-Balance sein	Die richtigen Leute an die richtige Stelle setzen	Sich Zeit nehmen für Beziehungs-pflege

Tag 11	Tag 12	Tag 13	Tag 14	Tag 15
Die eigenen Paradigmen überprüfen	Schwierige Gespräche führen	Tacheles reden	Mut und Rücksicht ins Gleich-gewicht bringen	Loyalität zeigen

Tag 16	Tag 17	Tag 18	Tag 19	Tag 20
Ungestraft die Wahrheit sagen lassen	Fehler korrigieren	Kontinuier-lich coachen	Das Team vor Druck schützen	Regelmäßig Einzel-gespräche führen

Tag 21	Tag 22	Tag 23	Tag 24	Tag 25
Andere schlau sein lassen	Visionen schaffen	Die Mega-wichtigen Ziele (MWZ) feststellen	Maßnahmen auf die Megawich-tigen Ziele abstimmen	Dafür sorgen, dass die Systeme Ihre Mission stützen

Tag 26	Tag 27	Tag 28	Tag 29	Tag 30
Ergebnisse liefern	Erfolge feiern	Hochwertige Entscheidun-gen treffen	Durch Ver-änderungen führen	Besser werden

Schwierige Gespräche führen

Sind Sie schon mal einem schwierigen Gespräch aus dem Weg gegangen und haben damit die Situation unabsichtlich noch verschlimmert?

Als Führungskraft machen Sie wahrscheinlich eine Menge coole Sachen. Je nach Ihrer Unternehmenskultur, Ihrem Einflussbereich, Ihrem Budget und Ihren Zuständigkeiten können Sie wirklich etwas bewirken und dabei eine Menge lernen. Wahrscheinlich machen Sie dies:

- Bewerbungsgespräche führen und neue Mitarbeiter einstellen,
- Teammitglieder coachen und besser machen,
- die Leistungsstarken loben und ihnen Feedback geben,
- Strategien entwickeln und Unternehmens- oder sogar Branchenregeln durchbrechen,
- Erfolg anerkennen und Auszeichnungen und Belohnungen verteilen,
- Essen für alle bestellen und Teamerfolge feiern,
- die Tagesordnungen für Meetings ausarbeiten und die Sitzungen leiten,
- Projekte nach Ihrer Wahl zuweisen.

Das macht ohne Zweifel viel Spaß, und Sie genießen Ihre Position. Aber – und Sie wussten genau, dass da irgendwo ein »Aber« lauern würde – es gibt einen Aspekt des Führens, der für viele so beängstigend ist, dass sie ihn vermeiden. Wenn Sie ihn nicht der obigen Liste hinzufügen, haben Sie Ihren Job ehrlich gesagt nicht verdient. Ich würde sogar noch einen Schritt weiter gehen: Wenn Sie das nicht machen, kündigen Sie. Sofort. Rufen Sie Ihren Chef an, und sagen Sie ihm, dass Sie Ihre Arbeit nicht länger ausüben können. Überlassen Sie Ihre Stelle einem anderen. (Sie können Ihren Zitat-des-Tages-Kalender für Ihren Nachfolger dalassen.)

Die Führungs-Challenge, auf die ich mich beziehe, ist Ihre Fähigkeit, schwierige Gespräche zu führen. Jemanden entlassen zu müssen ist ein schwieriges Gespräch. Negatives Feedback zu geben ist ein schwieriges Gespräch. Nach Möglichkeiten zu suchen, einem Kollegen mitzuteilen, dass sein Parfüm an ein Gnu mit fragwürdigen Ernährungsgewohnheiten erinnert, ist ein schwieriges Gespräch. Unabhängig vom Thema haben schwierige Gespräche zwei Dinge gemeinsam: Sie fallen schwer, und sie sind ätzend. Aber wenn Sie *wirklich* eine Führungskraft sein wollen (und es ist okay, wenn Sie entscheiden, dass Sie das nicht wollen), können Sie das Führen schwieriger Gespräche nicht vernachlässigen, selbst wenn Sie glauben, Sie könnten sich daran vorbeimogeln oder sie wären angesichts Ihrer langen To-do-Liste nicht so wichtig.

> Wenn Sie keine schwierigen Gespräche führen, kündigen Sie. Sofort. Rufen Sie Ihren Chef an, und sagen Sie ihm, dass Sie Ihre Arbeit nicht länger ausüben können. Überlassen Sie Ihre Stelle einem anderen.

Menschen, die mit mir zusammengearbeitet haben, glauben, ich hätte kein Problem mit solchen Gesprächen, weil ich irgendein Gen in mir hätte, das es mir ermöglicht, gemeinhin »Unbesprechbares« ganz mühelos und locker zu besprechen. Ich kann gar nicht zählen, wie oft Mitarbeiter, Freunde und Kollegen (und meine Frau) gesagt haben: »Aber *dir* fällt es doch so leicht, jemandem so was zu sagen!«

Und das ist meine Antwort darauf: Bullshit.

Entgegen der herrschenden Überzeugung habe ich nicht bereits in der Wiege Mitarbeitern gesagt, dass sie sich unkollegial verhalten oder sich bei jemandem entschuldigen sollen, dem sie Unrecht getan haben. Ich bin nicht einfach morgens mit der Fähigkeit aufgewacht, die Tür zu schließen und jemandem zu erklären, dass er sich in einem Meeting unmöglich benommen hat oder dass in seiner viel zu langen Präsentation 37 Mal »Äh« vorkam. Die Kompetenz beim Führen schwieriger Gespräche gewinnt man durch Übung. Und durch viele linkische Versuche und komplette Misserfolge. Ich könnte dieses Kapitel mit einer langen Reihe von Misserfolgen beenden, die so entsetzlich und quälend sind, dass Sie gar nicht erst in Betracht ziehen, Verantwortung zu übernehmen. Das ist aber nicht der Punkt. Der Punkt ist, dass jede schwierige Führungskompetenz eine Fitness- und Muskelaufbauanalogie erfordert, also los: Wenn du einen starken Bizeps willst (und das will ich, oh ja), gibt es keine Abkürzung – du musst die ganzen Wiederholungen machen, Baby. Jetzt wenden Sie das auf die Sportart an, die Sie ausüben – vergessen Sie, dass ich Sie »Baby« genannt habe, und wir können weitermachen.

Sie müssen diese Gespräche immer wieder üben, Sie müssen Rollenspiele und Probedurchläufe machen. Im Lauf der Zeit werden Sie besser, und es ist nicht mehr so furchtbar. Aber jetzt kommt der Teil, mit dem Sie wahrscheinlich nicht gerechnet haben: Es besteht die hohe Wahrscheinlichkeit, dass Sie jemandem Einsichten ermöglichen, die ihm nie zuvor geboten wurden. Denken Sie mal kurz darüber nach. Als Führungskraft können Sie lebenslange Gewohnheiten durchbrechen, blinde Flecken sichtbar machen und anderen helfen, ihr Image zum Besseren zu verändern. Im Gegensatz zu den zahllosen Führungskräften, die zwar gute Absichten, aber niemals den Mut haben, ehrlich zu sein, können Sie für jemanden zum Auslöser einer kompletten Richtungsänderung werden. Tja, das ist angewandtes Führen.

Wenn Sie bereit sind, eine solche Möglichkeit zuzulassen, garantiere ich Ihnen, das wird Ihre Einstellung zu schwierigen Gesprächen verändern. Es ist eine Kunst, Feedback so zu erteilen, dass die erforderlichen Punkte unmissverständlich angesprochen und die Selbstachtung und das Selbstvertrauen des Mitarbeiters intakt bleiben. Was ist das Geheimnis? Da will ich drei Dinge nennen: die gute Absicht, die Übung und das Lernen von Experten. Es gibt keine einfache Antwort auf die Frage, wie man im Führen schwieriger Gespräche besser wird. Überprüfen Sie als Erstes Ihre Absichten, und stellen Sie sicher, dass Sie im Interesse des anderen handeln. Keine noch so gut eingeübte Technik hilft, wenn Ihre Absichten nicht über jeden Zweifel erhaben sind.

Zweitens: Suchen Sie sich eine Vertrauensperson, und üben Sie, ohne Namen oder andere sensible Daten preiszugeben. Führen Sie das schwierige Gespräch als Rollenspiel, holen Sie sich Feedback, und spielen Sie es erneut durch.

Die dritte Methode, die Kunst schwieriger Gespräche zu erlernen, ist das Lernen von Experten. Es gibt viele gute Quellen dafür, und auch bei FranklinCovey unterrichten wir eine Reihe von Dos und Don'ts. Dazu gehören:

- Bleiben Sie nicht in der Vorbereitungsphase hängen. Übung ist entscheidend, aber nutzen Sie das nicht als Ausrede, um nie das echte Gespräch zu führen.
- Verwenden Sie keine Vergleiche: »Sie sollten Ihre Berichte so schreiben wie Emily.«
- Gehen Sie nicht davon aus, dass Sie alle Fakten kennen. Kann sein, dass es eine Story hinter der Story gibt, und auch wenn sich das nicht auf das Feedback auswirken mag, das Sie erteilen, kann der zusätzliche Kontext doch die Art und Weise verändern, wie Sie es vermitteln.
- Sorgen Sie für Win-win-Situationen. Stellen Sie sicher, dass Ihre Motive aufrichtig sind.
- Schildern Sie Ihre Bedenken. Verwenden Sie Formulierungen wie »Ich war überrascht zu erfahren …« oder »Ich fürchte, dass …«.
- Geben Sie konkrete Beispiele. Fokussieren Sie sich auf Fakten, nicht auf Meinungen.
- Hören Sie zu. Konzentrieren Sie sich auf die Gefühle des anderen, und reflektieren Sie sie.
- Stellen Sie offene Fragen: »Die Kollegen nehmen Sie so wahr – was glauben Sie, woran das liegt?«
- Werden Sie so spezifisch wie möglich, ohne die Privatsphäre der Person zu verletzen. Das ist eine heikle Gratwanderung, die Geschick und echte Sorgfalt erfordert.

Erfolgreiche Führungskräfte können von älteren Kollegen, von Gleichgestellten, von anderen Teammitgliedern und von Spezialisten lernen, schwierige Gespräche zu führen. Besprechen Sie die Situation mit jemandem auf der richtigen Hierarchiestufe; fragen Sie ihn, wie er das Gespräch angehen würde. Und was Inhalt und Verlauf des Dialogs angeht, so stelle ich mir gerne vor, wie, wo und wann *ich* solche Botschaften gerne vermittelt bekommen würde.

Gestatten Sie sich, Fehler zu machen und sich diese Kompetenz anzueignen. Ein paar schwierige Gespräche werden Sie versemmeln, garantiert. Das heißt, Sie müssen sich für die falsche Wortwahl, den falschen Ton oder die falsche Geschwindigkeit entschuldigen. Sie könnten das Gespräch sogar mit der Aussage beginnen: »*Ich werde das jetzt bestimmt falsch sagen, also entschuldigen Sie bitte im Voraus, wenn ich danebengreife, aber es gibt da ein heikles Thema, über das wir reden müssen …*«

Sie können sich auch Rat aus der Personalabteilung holen. Ich habe mich entschieden, einige sehr wichtige Gespräche komplett an die Personalabteilung auszugliedern, abhängig vom Thema oder von anderen schwierigen Problemen, aber das ist eher eine Seltenheit. Meiner Erfahrung nach müssen Sie 95 Prozent der Gespräche selbst führen. Wenn ich auf meine bisherigen persönlichen Führungs-Highlights zurückblicke, fangen viele davon damit an, dass mir jemand (lange nach der Intervention) sagt: »Scott, du warst der einzige Mensch in meiner Laufbahn, der den Mut hatte, mir zu sagen, dass …«

Zu Beginn dieses Kapitels habe ich geschrieben, das Führen schwieriger Gespräche sei so wichtig, dass Sie Ihre Führungsposition abgeben sollten, wenn Sie nicht dazu bereit sind. Jetzt wissen Sie hoffentlich, *warum*: weil genau solche Gespräche das Potenzial und die Macht haben, jemandes Leben zum Besseren zu verwandeln – oder zum Schlechteren, wenn sie nicht richtig geführt oder gänzlich vermieden werden.

Und noch ein letzter Gedanke dazu: Jeder grobe Klotz kann barsche Ansagen machen oder Feedback erteilen. Es erfordert

Diplomatie, Empathie und Rücksicht, dafür zu sorgen, dass ein schwieriges Gespräch nicht das Selbstwertgefühl des Gegenübers beschädigt, sondern ihm stattdessen Hoffnung gibt und einen Weg zur Verbesserung eröffnet.

VOM MUFFEL ZUR LEGENDE

Schwierige Gespräche führen

- Identifizieren Sie ein schwieriges Gespräch, das Sie führen müssen.

- Wenn Sie es aufgeschoben haben, führen Sie ein aufrichtiges Gespräch mit sich selbst über die Gründe. Hat es mit Ihrer Beziehung zu dem anderen zu tun? Liegt es an Ihrem Unbehagen in Bezug auf das Thema? Oder an Ihren Fähigkeiten und Ihrem Vertrauen, es angemessen kommunizieren zu können? Machen Sie die Grundursache ausfindig, und kümmern Sie sich darum als Erstes.

- Suchen Sie sich einen erfahreneren Vorgesetzten, mit dem Sie das Gespräch in einem Rollenspiel üben können. Achten Sie dabei auf sensible Daten und Vertraulichkeit.

- Stellen Sie mal einen Augenblick lang Ihre Paradigmen infrage – betrachten Sie die Angelegenheit ganzheitlich? Haben Sie alle relevanten Fakten zusammengetragen? Haben Sie den Standpunkt des anderen berücksichtigt, und sind Sie offen im Hinblick auf den weiteren Weg?

Tag 1	Tag 2	Tag 3	Tag 4	Tag 5
Bescheiden-heit demonstrieren	Den Überfluss denken	Zuerst zuhören	Die eigenen Absichten erklären	Verpflichtungen eingehen und halten

Tag 6	Tag 7	Tag 8	Tag 9	Tag 10
Das Klima selbst bestimmen	Vertrauen schenken	Vorbild für Work-Life-Balance sein	Die richtigen Leute an die richtige Stelle setzen	Sich Zeit nehmen für Beziehungspflege

Tag 11	Tag 12	Tag 13	Tag 14	Tag 15
Die eigenen Paradigmen überprüfen	Schwierige Gespräche führen	Tacheles reden	Mut und Rücksicht ins Gleichgewicht bringen	Loyalität zeigen

Tag 16	Tag 17	Tag 18	Tag 19	Tag 20
Ungestraft die Wahrheit sagen lassen	Fehler korrigieren	Kontinuierlich coachen	Das Team vor Druck schützen	Regelmäßig Einzelgespräche führen

Tag 21	Tag 22	Tag 23	Tag 24	Tag 25
Andere schlau sein lassen	Visionen schaffen	Die Megawichtigen Ziele (MWZ) feststellen	Maßnahmen auf die Megawichtigen Ziele abstimmen	Dafür sorgen, dass die Systeme Ihre Mission stützen

Tag 26	Tag 27	Tag 28	Tag 29	Tag 30
Ergebnisse liefern	Erfolge feiern	Hochwertige Entscheidungen treffen	Durch Veränderungen führen	Besser werden

Tacheles reden

Wann haben Sie das letzte Mal zwar faktisch die Wahrheit gesagt, aber einen falschen Eindruck hinterlassen?

V iele Menschen haben eine einzigartige Fähigkeit perfektioniert:

- Französische Küche: Julia Child,
- Tennis: Roger Federer,
- Zauberei: David Copperfield,
- Tacheles reden: Joan Rivers (und ich).

So gut bin ich darin. Um unseren CEO zu zitieren: »Man braucht wirklich keinen Dolmetscher, um zu verstehen, was Scott denkt.« Ich nehme mal an, das war kein reines Kompliment, aber gleichzeitig ist diese Führungs-Challenge für mich ein bisschen tricky. Eine übertriebene Stärke kann manchmal genauso schädlich sein wie eine völlig fehlende.

Es war im Jahr 2004. Ich hatte die Hälfte meiner sechsjährigen »Schreckensherrschaft« (wie meine damaligen Mitarbeiter es heute nennen) in Chicago hinter mir. Das Geschäft wuchs und erholte sich gut von der Krise von 2001. Ich befand mich immer noch auf der linken Seite der Führungslernkurve und machte im Allgemeinen die sprichwörtlichen zwei Schritte vorwärts, einen zurück. Die Spannungen im Büro waren mit Händen zu greifen. Damals habe ich das nicht erkannt, aber jetzt sagt man mir, dass ich ein klassischer Mikromanager und Besserwisser war – gelegentlich ganz okay, aber von vielen zunehmend gefürchtet. Meine Position war schwierig: die Umwandlung einer Abteilung, die fast zwei Jahre lang führungslos gewesen war, und das mit Mitarbeitern, die entweder kein richtiges Ziel hatten oder ohne Umstände ihren Vorteil aus dem Unternehmen schlugen. Vor diesem Hintergrund kam es eines Tages zu einem überraschenden Ereignis.

Die erweiterte Abteilung hatte zwar etwa 40 Beschäftigte, aber das Büro selbst war kleiner, zählte ungefähr 15 Mitarbeiter, und wir arbeiteten eng zusammen. Ich hatte fast jeden davon selbst eingestellt, es war eine sehr talentierte Gruppe von Profis, und alle mochten einander (das Schlüsselwort dabei ist *einander*). Paul

Walker war seinerzeit ein Juniorvertriebler, entwickelte sich aber im Team zum Meinungsführer. Ich nehme an, es hatte ein Teamtreffen gegeben, und Paul war damit betraut worden, die Aufgabe des Tacheles-Redens zu übernehmen.

Paul kam eines morgens in mein Büro und verkündete ohne weitere Umschweife: »*Jeder hier hasst Sie, und wenn sich nicht irgendetwas ändert, kündigen wir alle.*«

Das sind so die Aussagen, die wenig Interpretationsspielraum lassen. Es war untypisch für Paul, denn ein solches Maß an Mut und klaren Worten war (noch) nicht seine Art. Er war selbstbewusst, aber respektvoll mir gegenüber. Paul war eher der ruhige Typ, der Idioten wie mich erträgt und dann eines Tages erklärt, dass er zu einem anderen Arbeitgeber wechselt. Er schloss die Tür, und wir redeten zwei Stunden lang – transparent und ohne Tabus. Wir sprachen darüber, was passierte und warum, und wir hörten einander zu. Ich bemühte mich, die Schwachstellen meines Verhaltens zu verstehen, und Paul bemühte sich, den Druck von oben zu verstehen, der auf mich ausgeübt wurde.

Wir weinten beide. Das werde ich nie vergessen. Es war wahrscheinlich eines der selbstlosesten und großzügigsten Geschenke, die mir je gemacht wurden. Paul schilderte genau, wie es war, mit mir zu arbeiten, und bezog sich auf konkrete Begegnungen und Gespräche. Er trieb mich ziemlich in die Enge, deshalb verstand ich das Ausmaß an Kopfschmerzen, das ich bereitete. Er gab mir auch die Chance, meine eigenen Herausforderungen zu beschreiben – wie es sich anfühlte, Tag für Tag auf meiner Seite des Schreibtischs zu sitzen; der Druck, unter dem ich stand; einige der Schwierigkeiten, mit denen ich fertigwerden musste. Es war ein sehr heilsames und erkenntnisreiches Gespräch.

> Nicht in jeder Kultur wird es geschätzt, wenn man Tacheles redet. Als Führungskraft müssen Sie Ihren Spielraum beurteilen können. Klare Worte können auf respektvolle und achtsame Weise geäußert werden, ohne den Ruf eines anderen zu schädigen.

Ich glaube, die Dinge verbesserten sich schrittweise. Ich blieb etwa drei weitere Jahre lang Vorgesetzter und baute Paul als meinen Nachfolger auf. Ich glaube, die deutlichen Worte, die ich konsequent verwendete – wodurch ich anderen ein Beispiel gab –, waren nicht immer angenehm zu hören, aber dienten als Katalysator, um wirklich besser zu werden. Ich *weiß*, dass die deutlichen Worte, die ich von Paul zu hören bekam, das ganz sicher für mich leisteten.

Nicht in jeder Kultur wird es geschätzt, wenn man Tacheles redet. Als Führungskraft müssen Sie Ihren Spielraum beurteilen können. Klare Worte können auf respektvolle und achtsame Weise geäußert werden, ohne den Ruf eines anderen zu schädigen.

Was ist also das Gegenteil von Tacheles? Taktieren, Lavieren, Drumherumreden oder zwar faktisch die Wahrheit sagen, aber einen falschen Eindruck erwecken.

Wer es als Vorgesetzter nicht schafft, Klartext zu reden, begibt sich aufs Glatteis, denn früher oder später kommt die Wahrheit ans Licht. Dann ist man gezwungen, entweder immer neue Lügen zu erfinden oder einzugestehen, dass man bewusst ein falsches Bild erzeugt hat. So oder so ist die Glaubwürdigkeit auf dem besten Wege, verloren zu gehen.

Aber was ist mit dem *gut gemeinten* Taktieren? Sie wissen schon, diese kleinen Lügen, um die Gefühle anderer zu schonen oder sie vor psychologischem Schaden zu bewahren? Wissenschaftler haben herausgefunden, dass Lügen, um einem anderen zu »helfen«, fast immer als gut wahrgenommen wird, während Lügen, das sich nicht auf den anderen auswirkt oder ihm schadet, als falsch wahrgenommen wird.[11]

Was macht also eine kompetente Führungskraft? Ist es in Ordnung, in der nebulösen Gegend zwischen Lügen und Wahrheit zu leben, solange Ihre Absichten gut sind? Ich glaube, eher nicht.

Zum Glück hat Stephen M. R. Covey dieses philosophisch schwergewichtige Thema in seinem Buch *Schnelligkeit durch Vertrauen* behandelt. Er beschreibt klare Worte als »aktive Ehrlichkeit«, die sich durch das Aussprechen der Wahrheit und das Erwecken des richtigen Eindrucks äußert. Effektive Führungskräfte, schrieb er, nutzen deutliche Worte, die »durch Kompetenz, Taktgefühl und gutes Urteilsvermögen gemäßigt«[12] sind.

Die Organisationskultur entsteht für gewöhnlich an der Spitze. Gibt es zwischen Ihnen und den Führungskräften auf Ihrer Ebene eine klare Kommunikation? Nennen Sie die Dinge beim Namen? Es ist erwiesen, dass Worte eine Rolle spielen. Und zwar eine richtig große. Unsere Fähigkeit als Führungskräfte, Tacheles zu reden, lässt sich herunterbrechen auf die Verwendung einer klaren, präzisen und einfachen Sprache, um sicherzustellen, dass Gesagtes gleich Gehörtes ist und, was vielleicht am wichtigsten ist, dass Gehörtes auch Verstandenes ist. Führungskräfte, die Tacheles reden,

- nennen die Dinge beim Namen und nutzen eine allgemein übliche, einfache Ausdrucksweise;
- reden nicht aus taktischen Gründen drumherum;
- sagen die Wahrheit diplomatisch, aber deutlich;
- versuchen nicht, sich intelligenter anzuhören, als sie sind.

Führungskräfte, die Tacheles reden, machen dem Zuhörer deutlich, worin die beabsichtigte Botschaft besteht, weil sie nichts hinzufügen, um abzulenken oder zu verwirren. Keine zusätzlichen Schnörkel. Keine langen, überschwänglichen Reden. Keine vielsilbigen Wörter, um zu beeindrucken oder einzuschüchtern. Sie lassen keinen Raum für Fehlinterpretationen oder Ratespielchen. Sie taktieren so wenig wie nur möglich.

Tacheles reden

- Denken Sie darüber nach, wo oder mit wem Sie dazu neigen, »herumzueiern« oder sogar mit der Wahrheit hinter dem Berg zu halten.

- Identifizieren Sie mögliche Gründe, warum Sie klare Worte vermeiden.

- Sprechen Sie anders mit Ihren Vorgesetzten als mit Ihren Kollegen?

- Verstärken oder verringern bestimmte Kollegen Ihren Hang zu deutlichen Worten? Warum?

- Wenn Sie das nächste Mal merken, dass Sie »herumeiern«, halten Sie inne und suchen Sie nach einem genaueren und gemäßigteren Weg, die ganze Wahrheit zu sagen.

Tag 1	Tag 2	Tag 3	Tag 4	Tag 5
Bescheidenheit demonstrieren	Den Überfluss denken	Zuerst zuhören	Die eigenen Absichten erklären	Verpflichtungen eingehen und halten

Tag 6	Tag 7	Tag 8	Tag 9	Tag 10
Das Klima selbst bestimmen	Vertrauen schenken	Vorbild für Work-Life-Balance sein	Die richtigen Leute an die richtige Stelle setzen	Sich Zeit nehmen für Beziehungspflege

Tag 11	Tag 12	Tag 13	Tag 14	Tag 15
Die eigenen Paradigmen überprüfen	Schwierige Gespräche führen	Tacheles reden	Mut und Rücksicht ins Gleichgewicht bringen	Loyalität zeigen

Tag 16	Tag 17	Tag 18	Tag 19	Tag 20
Ungestraft die Wahrheit sagen lassen	Fehler korrigieren	Kontinuierlich coachen	Das Team vor Druck schützen	Regelmäßig Einzelgespräche führen

Tag 21	Tag 22	Tag 23	Tag 24	Tag 25
Andere schlau sein lassen	Visionen schaffen	Die Megawichtigen Ziele (MWZ) feststellen	Maßnahmen auf die Megawichtigen Ziele abstimmen	Dafür sorgen, dass die Systeme Ihre Mission stützen

Tag 26	Tag 27	Tag 28	Tag 29	Tag 30
Ergebnisse liefern	Erfolge feiern	Hochwertige Entscheidungen treffen	Durch Veränderungen führen	Besser werden

Mut und Rücksicht ins Gleichgewicht bringen

Erzielen Sie Ihre Erfolge
auf Kosten anderer?
Oder lassen Sie andere auf
Ihre Kosten gewinnen?

Die meisten der 30 Führungs-Challenges in diesem Buch meistere ich nicht aus dem Handgelenk (und ich habe fast mein ganzes Berufsleben im Bereich Führungsentwicklung gearbeitet). Ich musste sie auf die harte Tour lernen, oft durch Scheitern, öffentliche Zurechtweisung oder richtiggehende Erniedrigung. Und diese hier ist keine Ausnahme.

Die besten Führungskräfte beurteilen bewusst und regelmäßig ihr Gleichgewicht zwischen Mut und Rücksicht. Mut heißt oft, die Dinge beim Namen zu nennen, etwas anzusprechen, schwierige Gespräche zu führen und unangenehme Themen anzugehen. Manchmal bedeutet es auch, *nichts* zu sagen. Wird Mut übertrieben, kann er zur Schikane werden, übermäßig forsch und undiplomatisch sein oder es an Empathie mangeln lassen. Rücksicht heißt oft, Freundlichkeit zu zeigen, höflich zu sein und von anderen nur das Beste anzunehmen. Zu viel Rücksicht kann zu Vermeidung, Kapitulation, Vernachlässigung und Entrechtung führen.

Wie können Führungskräfte diese Balance finden und gleichzeitig die diversen Bedürfnisse, Vorlieben und Eigenschaften ihrer Teammitglieder berücksichtigen? Indem sie Mut zeigen beim Teilen von Meinungen, taktvoll auf Fehler hinweisen (einschließlich ihrer eigenen) und diplomatisch die eingeschlagenen Wege hinterfragen, während sie gleichzeitig Rücksicht auf die Gefühle, Unsicherheiten und kulturellen Normen der Menschen nehmen.

Die meisten Menschen haben eine natürliche Neigung zum einen oder zum anderen – Ihr Stil wird davon beeinflusst, wie, wo und sogar wann sie aufgewachsen sind. In meinem Podcast habe ich erzählt, dass gegen Ende meiner Teenager-Zeit gegenüber von uns eine neue Nachbarin einzog. Ich betrachtete sie als die lebendige Verkörperung des Erfolgs: Sie hatte ein schönes Haus gekauft, fuhr zwei Sportautos, besaß ein florierendes Unternehmen und beschäftigte eine Kinderfrau. Ich interpretierte ihre laute, abrupte, herrische Art als Geheimnis ihres Erfolgs. Es macht mir nicht aus zuzugeben, dass ich sie rasch übernahm. Fast über Nacht wurde ich von einem eher passiven und leicht zu schikanierenden zu einem ziemlich durchsetzungsfähigen Jugendlichen. (Meine Frau würde mich sanft korrigieren und sagen: »einem aggressiven«.)

Dieser sehr mutlastige Stil funktionierte in der Schule und bei meinen diversen Nebenjobs gut. Aber als ich ins richtige Berufsleben eintrat, hatte ich den Rücksichtsaspekt so vernachlässigt, dass ich ständig gemaßregelt wurde, bis ich schließlich von meinem ersten Arbeitsplatz »freigestellt« wurde. Ich hatte genügend Mut, meinen eigenen Weg zu gehen und die Dinge so anzupacken, wie ich es wollte, aber mir fehlte die Rücksicht, um mit anderen zusammenzuarbeiten. Um wieder in die Spur zu kommen, musste ich Kompromisse eingehen, mich an neue Unternehmenskulturen anpassen, den Wert der Diplomatie kennenlernen und bewusster auf andere achten.

Eines ist interessant: Selbst wenn Sie persönlich eine gute Balance erreicht haben, können manche Organisationskulturen, Teams oder Positionen mehr Mut oder Rücksicht verlangen, als Sie gewohnt sind. Jede Kultur hat ihr eigenes Gleichgewicht. Manche bevorzugen einen forscheren, unverblümteren Stil, andere eher den zurückhaltenden Ansatz, um Konflikte zu vermeiden. Wenn Ihr Chef zum Beispiel verkündet, dass der Casual Friday abgeschafft wurde, diskutiert Ihr Team dann leidenschaftlich dagegen an, oder lassen alle die Köpfe hängen und beklagen stumm die neue Realität? In einigen Kulturen ist eine Wünschelrute notwendig, um die richtige Balance herauszufinden.

Ich bin während meiner Laufbahn gelegentlich als der sprichwörtliche Elefant im Porzellanladen bezeichnet worden. Der Porzellanladen ist natürlich FranklinCovey, wo die Kultur traditionell sehr stark von Rücksicht geprägt ist. Hier herrscht im Allgemeinen ein vorsichtiger, höflicher und nicht konfrontativer Umgang – eine Widerspiegelung des Staates Utah, wo sich die Hauptniederlassung befindet (was nicht grundsätzlich schlecht ist). Unsere »konservative« Art ist ein deutlicher Pluspunkt, der unser Wachstum, unseren Erfolg bei den Kunden und unsere wohlverdiente Glaubwürdigkeit über 35 Jahre hinweg gefördert hat. Aber diese Kultur der Rücksicht kann es für Menschen mit eher mutigem Stil schwierig machen, sich anzupassen. Zum Beispiel für mich.

Dieser konkrete »Elefant« besitzt das, was viele als »Ostküstenpersönlichkeit« bezeichnen. Mit anderen Worten, eine Vorliebe für mutiges Verhalten. Wie erwähnt habe ich diesen Stil bewusst kultiviert, aber es ist bestimmt etwas Wahres daran, dass wir Ostküstler den Ruf haben, das Kind beim Namen zu nennen und nicht groß drumherum zu reden. (Natürlich ist nicht jeder, der aus einer bestimmten Region oder Kultur kommt, genau gleich, aber lassen wir diese Verallgemeinerung mal für den Augenblick so stehen.) Halten Sie eine weitere pauschale Verallgemeinerung dagegen, die man als »utah-nett« bezeichnen könnte, und schon sehen Sie die drohende Kollision zwischen dem Elefanten und dem Porzellanladen.

Als ich von der Ostküste nach Utah gezogen war, musste ich meine Balance neu ausrichten und eine neue Sprache erlernen, um (mir) unbekannte verbale, körpersprachliche und kulturelle Nuancen zu dekodieren. Wenn bei der Arbeit jemand sagte: »Scott, du bist so ulkig«, dann lachte er weder, noch fand er mich lustig. Das war Utah-Sprache für: »Scott, du bist ganz schön unverschämt, und wir reden hier nicht so.« Ich wette, wäre ich nach New Jersey gezogen statt in die Wasatch Mountains, dann hätten sie mich als einigermaßen unterhaltsam und ein bisschen farblos betrachtet.

Wie können Führungskräfte diese Balance finden und gleichzeitig die diversen Bedürfnisse, Vorlieben und Eigenschaften ihrer Teammitglieder berücksichtigen? Indem sie Mut zeigen beim Teilen von Meinungen, taktvoll auf Fehler hinweisen (einschließlich ihrer eigenen) und diplomatisch die eingeschlagenen Wege hinterfragen, während sie gleichzeitig Rücksicht auf die

Gefühle, Unsicherheiten und kulturellen Normen der Menschen nehmen. Geografische und unternehmensbezogene Kulturen haben Einfluss auf das Mut-Rücksichts-Gleichgewicht, aber prinzipienfeste Führungskräfte können überall Erfolge feiern, weil die meisten Menschen die Wahrheit hören wollen, solange sie respektvoll vermittelt wird. Effektive Vorgesetzte können ihre Emotionen außerordentlich gut kontrollieren und gewinnen ein hohes Maß an Vertrauen. Sie werden als besonnen, diplomatisch und vertrauenswürdig betrachtet.

> Ohne gezielt die richtige Balance zwischen Mut und Rücksicht herzustellen, werden unsere Ergebnisse und Beziehungen Schaden nehmen. Seien Sie sich bewusst, dass Ihre Unausgewogenheit der erste Schritt ist, um das Gleichgewicht zurückzugewinnen.

Viele kulturelle Unstimmigkeiten und persönliche Konflikte werden durch ansonsten sehr kompetente Führungskräfte mit besten Absichten verursacht, die nicht die richtige Balance zwischen Mut und Rücksicht finden. Ich bin wahrscheinlich nicht der Einzige, der das auf die harte Tour lernen musste. Vielleicht haben wir das Verhalten unserer Eltern übernommen, ahmen einen Politiker oder Prominenten nach, den wir aus der Ferne bewundern, oder haben zu viel über die alleinstehende neue Nachbarin und ihre beiden Sportautos nachgedacht. Aber ohne gezielt die richtige Balance zwischen Mut und Rücksicht herzustellen, werden unsere Ergebnisse und Beziehungen Schaden nehmen. Seien Sie sich bewusst, dass Ihre Unausgewogenheit der erste Schritt ist, um das Gleichgewicht zurückzugewinnen.

Mut und Rücksicht
ins Gleichgewicht bringen

- Suchen Sie sich einen Kollegen, dem Sie vertrauen. Bitten Sie ihn um konkrete Beispiele, wann er Sie aus dem Gleichgewicht hat geraten sehen. Fragen Sie:

  - Wann findest du, dass ich allzu freundlich oder rücksichtsvoll bin?
  - Wann hast du mich anderen gegenüber als zu grob, zu aggressiv oder zu direkt empfunden?

- Achten Sie auf Auslöser, die Sie dazu bringen, Rücksicht oder Mut zu übertreiben. Das können bestimmte Menschen, Situationen oder Themen sein.

- Haben Sie den Mut, zu fragen *und* zu handeln.

Tag 1	Tag 2	Tag 3	Tag 4	Tag 5
Bescheiden-heit demons-trieren	Den Überfluss denken	Zuerst zuhören	Die eigenen Absichten erklären	Verpflich-tungen eingehen und halten

Tag 6	Tag 7	Tag 8	Tag 9	Tag 10
Das Klima selbst bestimmen	Vertrauen schenken	Vorbild für Work-Life-Balance sein	Die richtigen Leute an die richtige Stelle setzen	Sich Zeit nehmen für Beziehungs-pflege

Tag 11	Tag 12	Tag 13	Tag 14	Tag 15
Die eigenen Paradigmen überprüfen	Schwierige Gespräche führen	Tacheles reden	Mut und Rücksicht ins Gleich-gewicht bringen	Loyalität zeigen

Tag 16	Tag 17	Tag 18	Tag 19	Tag 20
Ungestraft die Wahrheit sagen lassen	Fehler korrigieren	Kontinuier-lich coachen	Das Team vor Druck schützen	Regelmäßig Einzel-gespräche führen

Tag 21	Tag 22	Tag 23	Tag 24	Tag 25
Andere schlau sein lassen	Visionen schaffen	Die Mega-wichtigen Ziele (MWZ) feststellen	Maßnahmen auf die Megawich-tigen Ziele abstimmen	Dafür sorgen, dass die Systeme Ihre Mission stützen

Tag 26	Tag 27	Tag 28	Tag 29	Tag 30
Ergebnisse liefern	Erfolge feiern	Hochwertige Entscheidun-gen treffen	Durch Ver-änderungen führen	Besser werden

Loyalität zeigen

Wann haben Sie sich das
letzte Mal an Klatsch
beteiligt oder schlecht über
jemanden geredet?

st Klatsch menschlich? Ich fürchte ja. Ich glaube nicht, dass mir die Gefährlichkeit von Klatsch bewusst war, bis ich 27 war; das war das Jahr, in dem ich bei FranklinCovey anfing. In jeder mir bekannten Umgebung war Klatsch an der Tagesordnung: Schule, Kirche, Pfadfinder, Teilzeitjobs, Clubs, im örtlichen Erholungszentrum, in meiner Nachbarschaft, bei Dinnerpartys und Feiern, in politischen Kampagnen – alles wurzelte in Klatsch. Das war normales Verhalten bei jedem, den ich je kennengelernt habe, überall. Ich fand nicht, dass diese Leute bösartig waren; sie redeten einfach über einander. Das Tratschen schien nichts anderes zu sein, als auf der Autobahn fünf Kilometer pro Stunde über der zulässigen Höchstgeschwindigkeit zu fahren – jeder gab zu, es zu tun (und die anderen logen wahrscheinlich).

Unser CEO Bob Whitman geht an der Unternehmensspitze mit gutem Beispiel voran, was Loyalität betrifft. Bob klatscht nicht und duldet das auch nicht bei anderen. Für ihn ist das ein Unding. Er zwingt andere nicht zur Einhaltung, indem er sie bloßstellt; stattdessen zeigt er das Verhalten, das er bei anderen sehen möchte.

In den 1990er-Jahren gab es eine beliebte und großartige Comedy-Serie namens *In Living Color*. Eine der Figuren, gespielt von Kim Wayans, war eine neugierige Nachbarin namens Benita Butrell. Ihr Markenzeichen war der Satz: »Aber ich bin keine Klatschtante, also von mir haben Sie das nicht!« Danach breitete sie vor allen und jeden unverzüglich die delikatesten Einzelheiten aus dem Privatleben anderer aus. Das war nicht nur deshalb so witzig, weil es genial und treffend gespielt war, sondern auch, weil es das Alltagsleben widerspiegelte. Wir alle haben ein bisschen von Benita Butrell in uns.

Ich habe erst bewusst mit dem Tratschen aufgehört, als ich bei Covey Leadership Center anfing (einem Vorgänger von Franklin-Covey), wo ich das Konzept der »Loyalität gegenüber Abwesenden« kennenlernte. Dr. Covey sagte: »Wenn Sie die Abwesenden verteidigen, erhalten Sie sich das Vertrauen der Anwesenden.«[13] Das war ein Schock für mich, denn ich erkannte den tief greifenden kulturellen Schaden, den Klatsch in Organisationen anrichtet. Anderen Loyalität zu zeigen ist eine einfache, aber grundlegende Führungskompetenz.

Stephen M. R. Covey hielt dieses Prinzip für so elementar, dass er es in seine »13 Vertrauensweisen starken Vertrauens«[14] aufnahm. Meine eigene mühsam erlernte Lektion im Zusammenhang mit dem Zeigen von Loyalität erhielt ich 2001. Ich war gerade zum Hauptgeschäftsführer einer 15 Staaten umfassenden Region mit Hauptsitz in Chicago befördert worden. Gleichzeitig gehörte ich als neuer Hauptgeschäftsführer zum Führungsteam des Präsidenten und wurde somit in sensible strategische Informationen über Unternehmenspläne und Personalangelegenheiten eingeweiht. Peinlicherweise hatte ich noch nicht genügend Reife entwickelt, um die Vertraulichkeit zu wahren, und beteiligte mich hier und da an oberflächlichem Klatsch. (Wichtige Erklärung: Ich verriet keine Insider-Informationen oder Unternehmensgeheimnisse. Es war mehr so was wie: »Hey, ich glaube, Sally wird nächstes Wochenende gefeuert.« Schäbig, ich weiß.)

Etwas später hatte ich eine im Vorfeld verabredete Besprechung mit dem Unternehmenschef in meinem Büro. Wir saßen einander gegenüber auf zwei roten Ledersesseln – ich erinnere mich genau, dass sie goldfarbene Nieten und braune Beine hatten; diese Sessel haben sich für immer in mein Gedächtnis eingebrannt, denn sie hängen mit dem zusammen, was ich zu hören bekommen sollte. Der Chef sah mir in die Augen und sagte: »Scott, Sie stehen an der Tankstelle mit einem Streichholz in der Hand.«

Oh, wie viel Schmerz hätte ich mir und meiner Umgebung in diesen ersten Jahren erspart, wenn ich das Prinzip beachtet hätte! Doch aufgrund der offenen Worte dieses umsichtigen Vorgesetzten und seiner Bereitschaft, mich zu coachen, vollzog ich eine fast augenblickliche 180-Grad-Wendung. Seither bin ich zu einem Vorstandsmitglied mit Zugang zu hoch vertraulichen Informationen geworden. Ich halte mich an sämtliche Regeln. Verzichte ich vollständig auf Klatsch? Leider nein. Aber ich bin definitiv besser geworden.

Unser CEO Bob Whitman geht an der Unternehmensspitze mit gutem Beispiel voran, was Loyalität betrifft. Bob klatscht nicht und duldet das auch nicht bei anderen. Für ihn ist das ein Unding. Er zwingt andere nicht zur Einhaltung, indem er sie bloßstellt; stattdessen zeigt er das Verhalten, das er bei anderen sehen möchte. Wenn einer von uns die wöchentlichen »Nicht verpassen«-Meetings versäumt (das passiert hauptsächlich dann, wenn wir außerhalb mit Kunden arbeiten), versucht eines der anderen Führungsteammitglieder manchmal, den Standpunkt der abwesenden Person zu repräsentieren. Aber Bob lässt das niemals zu. Unweigerlich verschiebt er die Diskussion, bis das fehlende Teammitglied seine Position, sein Verhalten oder seine Entscheidung persönlich darstellen kann. Bob ist sich dessen bewusst, dass Klatsch nicht immer offensichtlich ist: Wenn man für einen anderen spricht, können sich kleine Verzerrungen, Fehlurteile oder Missverständnisse einschleichen. Glauben Sie mir, wenn das die Art von Klatsch ist, die ein CEO nicht zulässt, dann hat alles, was in Richtung Dreckwerfen geht, absolut keine Chance.

Wenn es darum geht, anderen Loyalität zu zeigen, beachten Sie diese Empfehlungen:

- Leben Sie nach der Platinregel. Ein weiser Freund hat mir das mal erzählt. Behandeln Sie Menschen nicht nur so, wie *Sie* gerne behandelt werden wollen (Goldene Regel), sondern behandeln Sie sie so, wie *sie* gerne behandelt werden wollen (Platinregel).
- Sprechen Sie über Abwesende so, als stünden sie direkt neben Ihnen. Die Vorstellung, dass derjenige anwesend ist, hat erhebliche Auswirkungen darauf, wie Sie über ihn sprechen.
- Nehmen Sie an, dass Ihre E-Mail an denjenigen weitergeleitet wird, über den Sie schreiben. Wenn Sie also eine Mail über

eine andere Person verfassen, tun Sie das so, als wüssten Sie, dass diese sie zu lesen bekommt. Auch die Verwendung von BCC ist feige und illoyal und sollte fast immer vermieden werden.

- Gehen Sie von einer guten Absicht aus. Der Mensch ist oft darauf getrimmt, anderen böse Absichten zu unterstellen. Halten Sie inne, und denken Sie über das Handeln eines anderen unter der Annahme nach, dass er es gut meint.
- Behandeln Sie jedes private Gespräch als vertraulich, es sei denn, Sie können verifizieren, dass es das nicht ist.

Wenn der Wert der Loyalität erst einmal Ihre Unternehmenskultur durchdrungen hat, werden Sie sich fragen, wie es jemals ohne sie funktionieren konnte.

VOM MUFFEL ZUR LEGENDE

Loyalität zeigen

- Erinnern Sie sich, wie mal jemand illoyal Ihnen gegenüber war. Welche Folgen hatte das?

- Wann ist es Ihnen das letzte Mal nicht geglückt, Loyalität zu zeigen? Warum? Was würden Sie jetzt anders machen?

- Wenn ein Abwesender in einem Gespräch falsch wiedergegeben wird, sagen Sie:»Ich beurteile das erst, wenn ich direkt mit ihm gesprochen habe.«

- Wenn jemand den Standpunkt eines anderen darstellen will, warten Sie lieber, bis derjenige für sich selbst sprechen kann.

- Wenn Sie das nächste Mal ein Kompliment für die Arbeit Ihres Teams bekommen, teilen Sie die Lorbeeren, statt sie für sich zu behalten.

Tag 1	Tag 2	Tag 3	Tag 4	Tag 5
Bescheidenheit demonstrieren	Den Überfluss denken	Zuerst zuhören	Die eigenen Absichten erklären	Verpflichtungen eingehen und halten

Tag 6	Tag 7	Tag 8	Tag 9	Tag 10
Das Klima selbst bestimmen	Vertrauen schenken	Vorbild für Work-Life-Balance sein	Die richtigen Leute an die richtige Stelle setzen	Sich Zeit nehmen für Beziehungspflege

Tag 11	Tag 12	Tag 13	Tag 14	Tag 15
Die eigenen Paradigmen überprüfen	Schwierige Gespräche führen	Tacheles reden	Mut und Rücksicht ins Gleichgewicht bringen	Loyalität zeigen

Tag 16	Tag 17	Tag 18	Tag 19	Tag 20
Ungestraft die Wahrheit sagen lassen	Fehler korrigieren	Kontinuierlich coachen	Das Team vor Druck schützen	Regelmäßig Einzelgespräche führen

Tag 21	Tag 22	Tag 23	Tag 24	Tag 25
Andere schlau sein lassen	Visionen schaffen	Die Megawichtigen Ziele (MWZ) feststellen	Maßnahmen auf die Megawichtigen Ziele abstimmen	Dafür sorgen, dass die Systeme Ihre Mission stützen

Tag 26	Tag 27	Tag 28	Tag 29	Tag 30
Ergebnisse liefern	Erfolge feiern	Hochwertige Entscheidungen treffen	Durch Veränderungen führen	Besser werden

Ungestraft die Wahrheit sagen lassen

Geben Ihre Leute schlechte Nachrichten und negatives Feedback genauso freiheraus weiter wie gute Nachrichten und positives Feedback?

Lange Zeit habe ich geglaubt, dass die Verantwortung für Feedback mehr beim Empfänger als beim Gebenden liegt. Und wenn ich sage mehr, dann meine ich *viel* mehr. Ich glaube, dass der Mensch im Kern feige ist, wenn er kommuniziert. Vermutlich geht ein Teil davon auf unsere Kindheit und die gut gemeinten Ratschläge der Eltern zurück:

- »Wenn du nichts Nettes zu sagen hast, sag lieber gar nichts.«
- »Denk daran, sag niemals etwas, das du nicht auch über dich selbst hören wollen würdest.«
- »Du hast zwei Ohren und einen Mund, also nutze sie auch im entsprechenden Verhältnis.«
- »Wer im Glashaus sitzt, soll nicht mit Steinen werfen.«

Kein Wunder, dass wir uns zu stark darauf konzentrieren, Respekt zu erweisen, höflich zu sein oder Zurückhaltung zu üben. Und da die meisten von uns nicht sagen, was sie denken, nimmt der andere an, dass alles in bester Ordnung ist (keine Probleme!). Die Wahrheit ist jedoch, dass wir in den meisten beruflichen Zusammenhängen erhebliche Fortschritte in unserer emotionalen Reife, den zwischenmenschlichen Kompetenzen und der Selbsterkenntnis machen können – wenn jemand uns dazu ein Feedback gibt.

Wir haben alle schon mal erlebt, was passiert, wenn Menschen nicht ungestraft die Wahrheit sagen können. Erinnern Sie sich, wie der CEO beim jährlichen Kickoff-Meeting des Unternehmens eine 90-minütige Rede mit 240 Folien gehalten hat? Die eigentlich nur hätte 20 Minuten dauern und eine Hand voll Folien enthalten sollen? Wissen Sie noch, was hinterher passiert ist? Dieser anhaltende Applaus mit Rufen wie »Toll gemacht!«, »Sie waren großartig!« und »Fantastische Rede, Chef!«. Während Sie bei sich dachten: *Das war doch totale Scheiße.* Und die ganzen Chat-Nachrichten-Schreiber im Raum bestätigten das.

Versetzen Sie sich nun an die Stelle des CEO. Was nützt es Ihnen, die Wahrheit nicht zu hören zu bekommen? Vielleicht glauben Sie, weil die große Mehrheit des Publikums nichts zu sagen hatte, haben Sie den Nagel auf den Kopf getroffen. Aber das habe ich im Laufe meiner Karriere festgestellt: Je höher Sie in einer Organisation aufsteigen, umso isolierter sind Sie von der Wahrheit. Wenn Sie das Eckbüro in der 21. Etage erreicht haben, ist das Feedback so dünn geworden wie die Luft.

> Lange Zeit habe ich geglaubt, dass die Verantwortung für Feedback mehr beim Empfänger als beim Gebenden liegt. Und wenn ich sage mehr, dann meine ich viel mehr. Ich glaube, dass der Mensch im Kern feige ist, wenn er kommuniziert.

Deshalb habe ich diese Challenge mit der Erklärung begonnen, dass die Hauptverantwortung für Feedback beim Empfänger und nicht beim Gebenden liegt. Die Formulierung *Ungestraft die Wahrheit sagen lassen* bezieht sich auf Sie, den Vorgesetzten, der dafür verantwortlich ist, dass andere sich sicher fühlen können, wenn sie ehrlich sind. Als Führungskraft sollten Sie die Wahrheit aus vielen Gründen hören wollen:

- um wirklich zu wissen, wie andere Sie wahrnehmen;
- um zu verstehen, wie es sich anfühlt, mit Ihnen in einer Beziehung (ob persönlich oder beruflich) zu stehen;
- um Ihre blinden Flecke zu erkennen, damit Sie etwas dagegen unternehmen können;
- um zu beurteilen, ob Ihr Kommunikationsstil andere auf- oder abwertet;
- um eine präzise Betrachtung Ihrer Leistung, Ihres Images und Ihres Rufs zu ermöglichen;
- um festzustellen, wie es ist, ein Mitglied Ihres Teams zu sein;
- um herauszufinden, wie es sich anfühlt, auf Ihrer guten oder Ihrer schlechten Seite zu stehen;

- um frühzeitig die Wahrheit über ein geschäftliches Problem zu erfahren, damit Sie es angehen können, ehe es zu kompliziert, zu spät oder zu teuer ist, es zu lösen;
- um zu gewährleisten, dass der Überbringer weiß: Sie nehmen es nicht persönlich.

Wissenschaftler haben festgestellt, dass Menschen darauf eingestellt sind zu lügen. Bei fehlender Sicherheit verstärken unsere alten Eidechsengehirne unser Gespür für Risiko.[15] Selbst wenn ich die Leute *anflehe,* mir die Wahrheit darüber zu sagen, wie sie mich wahrnehmen, werfen Sie meiner lebenslangen Erfahrung nach immer noch mit Nebelkerzen und sagen so was wie: »Du bist super, Scott. Und ich bin super. Alles ist super.« (Außer sie hassen mich wirklich, dann heißt es aufgepasst. Diese Beispiele spare ich mir für ein künftiges Buch auf, das wahrscheinlich heißen wird *150 Arten, auf die ich schon zur Hölle geschickt wurde.*)

Wir haben alle schon mal erlebt, was passiert, wenn Menschen nicht ungestraft die Wahrheit sagen können. Erinnern Sie sich, wie der CEO beim jährlichen Kickoff-Meeting des Unternehmens eine 90-minütige Rede mit 240 Folien gehalten hat? Die eigentlich nur hätte 20 Minuten dauern und eine Hand voll Folien enthalten sollen? Wissen Sie noch, was hinterher passiert ist? Dieser anhaltende Applaus mit Rufen wie »Toll gemacht!«, »Sie waren großartig!« und »Fantastische Rede, Chef!«. Während Sie bei sich dachten: Das war doch totale Scheiße.

Und so erleichtern Sie es anderen, in Ihrer Gegenwart ungestraft die Wahrheit zu sagen:

- Zeigen Sie mit Bestimmtheit, dass Sie ihre Wahrheit kennen lernen wollen. (Ich sage *ihre,* weil nicht jede Version zutreffend, vollständig oder hilfreich ist.)
- Sichern Sie ihnen zu, dass es für sie keinerlei Nachteile mit sich bringt, wenn sie sprechen (keine Rache, keine Strafe, kein Risiko).
- Vermitteln Sie, dass Sie ihren Standpunkt respektieren und dafür empfänglich sind (besonders bei rangniedrigeren Mitarbeitern).
- Lassen Sie sie immer wieder erfahren, dass Sie ihre Position nicht bezweifeln oder hinterfragen, Ihr Verhalten nicht verteidigen und ihr Feedback nicht rundheraus abtun.
- Was vielleicht am wichtigsten ist: Zeigen Sie durch Ihr neues Verhalten, dass Sie ihr Risiko genügend wertschätzen, um sich selbst zu verbessern.
- Locken Sie niemanden auf die »sichere« Seite des Schwimmbeckens, um ihm dann den Kopf unter Wasser zu drücken.
- Zeigen Sie, wie Sie andere wertschätzen, die Ihnen Feedback gegeben haben, und dass es für sie nur Vorteile mit sich gebracht hat.
- Achten Sie sorgfältig auf die äußere Umgebung. Erwarten Sie keinen Mut, wenn Sie jemanden in Ihr Büro holen und hinter Ihrem massiven Schreibtisch auf einem verschnörkelten Thron sitzen. Suchen Sie sich ein neutrales Umfeld, um zu zeigen, dass Sie nicht über ihnen oder dem stehen, was sie Ihnen zu sagen haben.
- Machen Sie sich Notizen, und bitten Sie um Verdeutlichung.
- Fragen Sie explizit nach konkreten Beispielen.
- Ermuntern Sie sie zum Erteilen von Feedback.
- Verteidigen und bestreiten Sie nichts.

Manchmal ist die beste Bedingung für die Wahrheit, per E-Mail um Feedback zu bitten. Die meisten Menschen sind in einer E-Mail mutiger als von Angesicht zu Angesicht, besonders beim Chef. Sie können sie bitten, einige Tage lang über eine Frage nachzudenken, und ihre Gedanken dann auf elektronischem Wege zu schicken. Wenn Sie zusätzlichen Kontext brauchen, haben Sie immer noch die Option eines persönlichen Gesprächs.

Nicht vergessen, nur *Sie* können die Bedingungen schaffen, unter denen Lügen nicht belohnt wird und die Wahrheit ungestraft gesagt werden darf, ja sogar verteidigt wird.

Ungestraft die Wahrheit sagen lassen

- Überlegen Sie, wie Sie andere ermutigen oder entmutigen, Ihnen ihre Wahrheit über Sie mitzuteilen.

- Beurteilen Sie Ihre derzeitige Firma oder Ihr Team. Wird Lügen oder Taktieren belohnt? Ist es gefährlich, die Wahrheit zu sagen?

- Kommunizieren Sie, dass Fehler vermeidbar sind und offenes Feedback willkommen ist.

- Zeigen Sie, dass Sie Feedback zu schätzen wissen, indem Sie Ihr Verhalten ändern und dem anderen danken.

- Vor allem: Wenn jemand das Risiko eingeht, Ihnen Feedback zu geben, weisen Sie es nicht zurück, missachten Sie es nicht, und verteidigen Sie sich nicht. Hören Sie zu, zeigen Sie Wertschätzung, und überlegen Sie dann, ob es sich lohnt, danach zu handeln. Gelegentlich gibt das Feedback mehr über denjenigen preis, der es ausspricht, als über Sie.

Tag 1	Tag 2	Tag 3	Tag 4	Tag 5
Bescheidenheit demonstrieren	Den Überfluss denken	Zuerst zuhören	Die eigenen Absichten erklären	Verpflichtungen eingehen und halten

Tag 6	Tag 7	Tag 8	Tag 9	Tag 10
Das Klima selbst bestimmen	Vertrauen schenken	Vorbild für Work-Life-Balance sein	Die richtigen Leute an die richtige Stelle setzen	Sich Zeit nehmen für Beziehungspflege

Tag 11	Tag 12	Tag 13	Tag 14	Tag 15
Die eigenen Paradigmen überprüfen	Schwierige Gespräche führen	Tacheles reden	Mut und Rücksicht ins Gleichgewicht bringen	Loyalität zeigen

Tag 16	Tag 17	Tag 18	Tag 19	Tag 20
Ungestraft die Wahrheit sagen lassen	Fehler korrigieren	Kontinuierlich coachen	Das Team vor Druck schützen	Regelmäßig Einzelgespräche führen

Tag 21	Tag 22	Tag 23	Tag 24	Tag 25
Andere schlau sein lassen	Visionen schaffen	Die Megawichtigen Ziele (MWZ) feststellen	Maßnahmen auf die Megawichtigen Ziele abstimmen	Dafür sorgen, dass die Systeme Ihre Mission stützen

Tag 26	Tag 27	Tag 28	Tag 29	Tag 30
Ergebnisse liefern	Erfolge feiern	Hochwertige Entscheidungen treffen	Durch Veränderungen führen	Besser werden

Fehler korrigieren

Wenn Sie ein Versprechen
brechen, ist dann Ihr erster
Impuls, sich zu verteidigen,
zu rechtfertigen, es
schönzureden oder gänzlich
zu ignorieren?

Kürzlich führte ich ein Interview mit Karen Dillon, der bekannten Autorin und ehemaligen Herausgeberin der *Harvard Business Review*. Neben ihren eigenen Büchern schrieb sie auch drei gemeinsam mit dem Harvard-Professor Clayton Christensen. Mein Favorit ist *How Will You Measure Your Life?* Dieses geniale Werk müssen Sie unbedingt auf Ihre Leseliste setzen. Die Autoren wenden darin auf brillante Weise innovative Geschäftsprinzipien auf unser privates Leben an.

Ich fand es mitreißend, inspirierend und umsetzbar. Zum Beispiel definieren die Autoren Bescheidenheit als etwas, das in Selbstvertrauen wurzelt. Bescheidene Menschen haben ein sicheres Gespür für ihren Selbstwert und ihre Fähigkeiten. Da gibt es keinen Grund für Überheblichkeit, Aufschneiderei oder Abwehrverhalten. Sie zeigen ihre Bescheidenheit durch ihr Selbstbewusstsein. Tiefgründig, was?

Meiner Erfahrung nach fällt es bescheidenen (also selbstbewussten) Menschen bemerkenswert leicht, Fehler zu korrigieren, besonders wenn es darum geht, sich bei anderen zu entschuldigen. Sie reparieren schnell jeden Schaden, den sie durch ihre Handlungen oder Worte angerichtet haben. Ich vermute, das bereitet ihnen kaum Mühe, denn sie haben nicht das Bedürfnis, sich zu verteidigen oder die Zusammenhänge zu erläutern. Im Irrtum oder verletzlich zu sein macht sie nicht schwächer. Ganz im Gegenteil.

Aber die Welt sieht das nicht so. Und das war auch nicht der Standpunkt, den ich in der Frühphase meiner beruflichen Laufbahn innehatte. Nur damit Sie es wissen: Ich bin jemand, der

> Mein Mentor Chuck Farnsworth hatte ein stärkendes Konzept, das er »Vergebung im Voraus« nannte. Im Kern bedeutet das: Ihnen wird im Voraus vergeben. Sie werden Fehler machen. Das ist für jeden von uns Teil des Lebenswegs. Wenn wir in der Angst leben, einen falschen Schritt zu machen, wagen wir nichts, gehen keine Risiken ein und lernen nichts dazu.

»Sorry!«-Postkarten *bündelweise* kaufte. Doch es gibt psychologische Anreize dafür, sich *nicht* zu entschuldigen. Wissenschaftlern zufolge kann es Ihnen das Gefühl von Macht und Kontrolle geben, Entschuldigungen zu verweigern. Paradoxerweise erzeugen diese Gefühle oft ein noch stärkeres Empfinden von Selbstwert und persönlicher Integrität.[16] Diesen Köder habe ich geschluckt – mitsamt Haken, Schnur und Angel.

Spulen wir mal ein paar Jahre vor zu meinem Mentor Chuck Farnsworth und einem stärkenden Konzept, das er »Vergebung im Voraus« nannte. Im Kern bedeutet das: *Ihnen wird im Voraus vergeben. Sie werden Fehler machen. Das ist für jeden von uns Teil des Lebenswegs. Wenn wir in der Angst leben, einen falschen Schritt zu machen, wagen wir nichts, gehen keine Risiken ein und lernen nichts dazu.*

Ich fühlte mich vollkommen ermächtigt, für ihn zu arbeiten. Und welcher Vorgesetzte wünscht sich nicht ein Team, das so empfindet? Ist es ein Wunder, dass sein Team mit die geringste Fluktuation in der Organisation hatte? Chuck beschloss, in seinem Kopf (und ja, in seinem Herzen) im Voraus zu vergeben, und das kommunizierte er auch seinem Team. Wenn Sie die Zeit und Mühe verringern wollen, die zum Korrigieren von Fehlern nötig ist, kündigen Sie an, dass Sie alle möglicherweise erfolgenden Missgriffe, verletzenden Bemerkungen, unsensiblen Äußerungen oder Urteilsfehler im Voraus verzeihen. Das gibt den Leuten keinen Freibrief für übles Verhalten, aber Sie akzeptieren, dass jeder mal versagt, und das ist in Ordnung so.

Beim Korrigieren von Fehlern ist es bemerkenswert entwaffnend, die volle Verantwortung zu übernehmen. Ich staune immer wieder, wie schnell die beleidigte Person ihre angestaute Wut oder Gekränktheit ablegt. Nichts neutralisiert Ärger besser als eine aufrichtige Entschuldigung ohne Ausflüchte und eine Maßnahme, um die Situation ins Reine zu bringen. Wenn Sie jemandem Unrecht getan haben, denken Sie mal über eine Version des Folgenden nach:

»Ich möchte Ihnen etwas sehr Wichtiges sagen. Es tut mir wirklich leid, wie ich mich verhalten habe. Ich war im Irrtum. Mein Fehler. Es tut mir leid. Ich hoffe, Sie können mir verzeihen, und ich will mich ernsthaft bemühen, dass ich Ihnen oder irgendjemand anderem so etwas nie mehr antue. Ich habe eine schwierige und wertvolle Lektion gelernt, leider auf Ihre Kosten, und ich möchte, dass Sie wissen, wie ernst ich das nehme. Darüber hinaus habe ich die Absicht, [hier Maßnahme ergänzen], um die Dinge zwischen uns wieder ins Lot zu bringen. Würden Sie das zu schätzen wissen, oder haben Sie einen besseren Vorschlag, den ich in Betracht ziehen sollte?«

Die besten Führungskräfte wissen, wie man Fehler korrigiert. Wenn Sie als Erstes etwas sagen wie »Es wurden Fehler gemacht«, sind Sie von der Spur abgekommen. Die Korrektur von Fehlern beginnt aus einer Position der Demut und wird durch persönliche Verantwortlichkeit kommuniziert. Wie bei den meisten Führungsmaßnahmen ist es leichter für uns Autoren, erbauliche Worte zu finden, als es für Sie ist, diese dann tatsächlich bei Personen in Ihrem Leben anzuwenden. Das ist wie mit Pfefferminzschnaps an Silvester: Fangen Sie klein an, und arbeiten Sie sich langsam hoch.

Fehler korrigieren

- Erwägen Sie, in Ihrem Team eine Kultur des Verzeihens im Voraus einzuführen. Sprechen Sie miteinander darüber, was das im Einzelnen bedeutet, und treffen Sie Vereinbarungen über die positiven und negativen Implikationen.

- Wenn Sie eine Erwartung enttäuscht oder ein Versprechen gebrochen haben, geben Sie es zu. Widerstehen Sie dem Drang, sich zu rechtfertigen.

- Übernehmen Sie die volle Verantwortung in Form einer bedingungslosen Entschuldigung, und ergreifen Sie dann Maßnahmen, um den Fehler zu korrigieren. Wenn eine Entschuldigung mit Ausreden überfrachtet wird, erinnert man sich nur an die Ausflüchte, nicht an die Entschuldigung.

- Wenn Sie sich oft entschuldigen müssen, machen Sie sich klar, dass vielleicht noch andere Probleme zu beheben sind. Denken Sie aber auch an das Sprichwort: »Wo gehobelt wird, da fallen Späne.« Suchen Sie ein Gleichgewicht zwischen beidem.

Tag 1	Tag 2	Tag 3	Tag 4	Tag 5
Bescheiden-heit demons-trieren	Den Überfluss denken	Zuerst zuhören	Die eigenen Absichten erklären	Verpflich-tungen eingehen und halten

Tag 6	Tag 7	Tag 8	Tag 9	Tag 10
Das Klima selbst bestimmen	Vertrauen schenken	Vorbild für Work-Life-Balance sein	Die richtigen Leute an die richtige Stelle setzen	Sich Zeit nehmen für Beziehungs-pflege

Tag 11	Tag 12	Tag 13	Tag 14	Tag 15
Die eigenen Paradigmen überprüfen	Schwierige Gespräche führen	Tacheles reden	Mut und Rücksicht ins Gleich-gewicht bringen	Loyalität zeigen

Tag 16	Tag 17	Tag 18	Tag 19	Tag 20
Ungestraft die Wahrheit sagen lassen	Fehler korrigieren	Kontinuier-lich coachen	Das Team vor Druck schützen	Regelmäßig Einzel-gespräche führen

Tag 21	Tag 22	Tag 23	Tag 24	Tag 25
Andere schlau sein lassen	Visionen schaffen	Die Mega-wichtigen Ziele (MWZ) feststellen	Maßnahmen auf die Megawich-tigen Ziele abstimmen	Dafür sorgen, dass die Systeme Ihre Mission stützen

Tag 26	Tag 27	Tag 28	Tag 29	Tag 30
Ergebnisse liefern	Erfolge feiern	Hochwertige Entscheidun-gen treffen	Durch Ver-änderungen führen	Besser werden

Kontinuierlich coachen

Betrachten Sie jede Interaktion mit Ihren Mitarbeitern als Chance, Vertrauen zu schaffen und Potenzial zu entwickeln?

So sieht das Gegenteil von »kontinuierlichem Coachen« aus: Ihre jährliche Leistungsbeurteilung rückt näher. Es ist noch zwei Wochen hin, aber Sie sind ebenso aufgeregt wie nervös. Bestimmt wird Ihr Chef Sie die meiste Zeit loben und den maßgeblichen Wert anerkennen, den Sie für das Team, die Abteilung und das Unternehmen darstellen. In einigen Bereichen könnten Sie noch besser werden, klar, aber das ist gar nichts im Vergleich zu dem Glanz, der Sie umgibt.

Als der Tag gekommen ist, nehmen Sie Platz, sowohl leicht nervös als auch optimistisch. Dann entdecken Sie ein paar subtile Hinweise, dass die Sache nicht so verlaufen wird, wie Sie gedacht haben:

- Da steht eine Schachtel mit Kleenex-Tüchern, und zwar auf *Ihrer* Seite des Schreibtischs.
- Direkt daneben liegt ein Exemplar von *Umgang mit leistungsschwachen Mitarbeitern.*
- Das Motivationsposter über »Teamwork!« wurde ersetzt durch eines mit der Aufschrift »Der lange Weg zu besseren Leistungen«.

Dann passiert es. Ihr Chef nennt all Ihre Unzulänglichkeiten und Misserfolge mit der Akribie eines Staatsanwalts im Eröffnungsplädoyer. Seitenweise Notizen (die »Dokumentation«) listen jeden Fall Punkt für Punkt auf, und Sie sitzen da völlig fassungslos, welche Richtung die Besprechung genommen hat. Sie hören nicht mal mehr, was Ihr Chef sagt, weil Sie einfach nicht glauben können, dass er Ihnen hier mit »Beweisen« kommt von vor vier Monaten, vor neun Monaten, von Teambesprechungen und Projekten, an die Sie sich kaum noch erinnern.

Nachdem Sie Ihren Leistungsplan unterzeichnet haben, ist es endlich vorbei. (Inzwischen fühlt es sich an wie eine Scheidung, wobei Ihre Partnerin die Kinder, das Haus, Ihren Oldtimer aus High-School-Zeiten, den Hund und so ziemlich alles andere behält mit Ausnahme der Kreditkarten-schulden.) Beim Hinausgehen fühlen Sie sich wie ausgeweidet. Nicht weil Ihr Chef bösartig, unhöflich oder kurz angebunden gewesen wäre, sondern weil Sie so verdattert sind. Regelrecht erschlagen. Sie können einfach nicht fassen, was gerade passiert ist, und denken darüber nach, sich einen anderen Job zu suchen.

In ihrem Buch *Über den Tod und das Leben danach*[17] beschreibt Elisabeth Kübler-Ross bekanntermaßen fünf Phasen der Trauer: Verleugnung, Wut, Verhandeln, Niedergeschlagenheit und Akzeptanz. Es gibt einige unheimliche Ähnlichkeiten zwischen einem plötzlichen Todesfall und einem bestürzenden Leistungsbeurteilungsgespräch. Mitarbeitergespräche wie das oben dargestellte können die Selbstachtung und das Selbstvertrauen zerstören. Schlimmer noch, sie können den Selbstwert dauerhaft schädigen.

Zum Glück werden solche jährlichen Leistungsbeurteilungsgespräche immer seltener, bei denen Sie mit Ihren Kollegen verglichen werden und zusehen müssen, wie der Schwächste den Löwen zum Fraß vorgeworfen wird, während der ersehnte Bonus den wenigen Glücklichen ganz oben auf der Liste vorbehalten bleibt. Aber einige gibt es immer noch, und Führungskräfte finden eine Möglichkeit, sich hinter dem Prozedere eines formellen, im Sitzen geführten Gesprächs zu verstecken. Am Ende verstricken sie ihre Untergebenen oft in ein Netz aus aufgestauten Frustrationen, gefühlten Kränkungen oder seit Langem brodelnden Leistungsproblemen. Viele dieser Angelegenheiten hätten, wären sie sofort angesprochen worden, geklärt werden können, was die Karriere des Betroffenen vorangebracht hätte, statt sie auszubremsen.

In ihrem Buch Über den Tod und das Leben danach beschrieb Elisabeth Kübler-Ross bekanntermaßen fünf Phasen der Trauer: Verleugnung, Wut, Verhandeln, Niedergeschlagenheit und Akzeptanz. Es gibt einige unheimliche Ähnlichkeiten zwischen einem plötzlichen Todesfall und einem bestürzenden Leistungsbeurteilungsgespräch.

Das Gegenmittel für all das ist die häufig vernachlässigte Rolle des Vorgesetzten als Coach. Und kontinuierliches Coachen erfordert eine Menge Engagement. Vor allem müssen Sie andere wirklich voranbringen *wollen,* nicht nur indem Sie ihnen bestätigen, was sie richtig machen, sondern auch, indem Sie ansprechen, was falsch, ein bisschen daneben oder völlig unakzeptabel ist. Das erfordert einen Perspektivenwechsel, Mut, Diplomatie, Praxis und Wiederholungen. Sie werden feststellen, dass viele der bereits hier erwähnten Challenges Ihnen bei der Entwicklung Ihrer Coaching-Fähigkeiten von Nutzen sein können, darunter »Tacheles reden«, »Schwierige Gespräche führen«, »Mut und Rücksicht ins Gleichgewicht bringen« und andere.

Eine ganze Industrie ist dem Coaching gewidmet: Bücher, Schulungen, Universitätslehrgänge, Organisationen und Zertifizierungen. FranklinCovey hat eigene Coaching-Programme, unbestritten die besten in der Branche, die auf Führungs-Coaching spezialisiert sind. Viele der Ratschläge, die ich Ihnen geben werde, decken sich mit dem, was Experten oder qualifizierte Coaches Ihnen sagen. Aber das ist Coaching, wie ich es erlebt habe – nicht perfekt und oft chaotisch, aber real, relevant und replizierbar. Die folgenden Verhaltensweisen haben mir sehr geholfen, als ich gecoacht wurde:

- Achten Sie darauf, was mit dem von Ihnen geführten Team passiert. Wer hat Probleme und warum? Sind die Teammitglieder gut ausgebildet? Aufeinander abgestimmt? Liefern sie gute Ergebnisse, aber arbeiten vielleicht an den falschen Vorhaben? Haben Sie deutlich gemacht, wie Erfolg aussieht? Sind die Resultate klar definiert und die Ziele in Maßnahmen und tägliches Verhalten übersetzt? Diese Punkte unterliegen hauptsächlich Ihrer Verantwortung.
- Setzen Sie auf Engagement statt auf Kontrolle. Das gilt besonders, wenn Sie ein virtuelles Team führen und nicht aus der Nähe sehen können, was passiert. Seien Sie proaktiv,

damit Sie wissen, ob jemand Hilfe braucht, ehe es zu spät ist.

- Erkennen Sie, dass die Teammitglieder verschiedene Formen von Coaching wollen und brauchen. Manche machen dicht und fühlen sich beschämt, wenn sie öffentlich zurechtgewiesen werden, während andere davon gänzlich unberührt bleiben und eine zupackende Persönlichkeit aufweisen. Passen Sie Ihren Stil an ihre jeweiligen Bedürfnisse an.
- Bringen Sie Ihre kritischen Rückmeldungen und konkretes stärkendes Lob miteinander ins Gleichgewicht. Beim kontinuierlichen Coachen geht es nicht nur um das, was schiefläuft. Es ist eine großartige Chance, die Leute wissen zu lassen, was funktioniert, was verstärkt werden sollte und was man besser bleiben lässt.
- Fragen Sie, wie Sie helfen können. Seien Sie präsent und achtsam. Wenn Sie coachen, schenken Sie dem anderen Ihre volle Aufmerksamkeit.
- Sorgen Sie dafür, dass jeder die Ressourcen und Werkzeuge hat, um seine Arbeit auszuführen und andere zu unterstützen.
- Setzen Sie »Coaching« auf Ihre tägliche Aufgabenliste. Das soll Sie daran erinnern, nach authentischen Gelegenheiten zum Coachen Ausschau zu halten.

Um meinen Freund Paul Walker zu zitieren: »Anweisungen stärken Abhängigkeiten; Coaching stärkt Fähigkeiten.«

Kontinuierlich coachen

- Erweitern Sie Coaching in Echtzeit über Ihre Einzel- und formellen Leistungsbeurteilungsgespräche hinaus.

- Setzen Sie in der folgenden Woche mindestens eine der Coaching-Best-Practices mit einem Teammitglied um.

- Bewerten Sie Ihre Interaktionen. Wie stark war Ihr Anteil an Anweisungen verglichen mit dem an Coaching? Haben Sie Ihre Teammitglieder demoralisiert oder ihnen einen »Weg zur Verbesserung« und einen Zeitrahmen bis zur erneuten Betrachtung gegeben?

- Haben Sie Ihre Zeit gleichmäßig auf Bestätigung, Inspiration und Anerkennung wie auf Hinterfragen und Kurskorrekturen verteilt?

- Denken Sie an die Vorgesetzten in Ihrem Unternehmen, die die besten Coaches sind. Besprechen Sie mit ihnen ihre Strategien und Prozesse.

Tag 1	Tag 2	Tag 3	Tag 4	Tag 5
Bescheiden-heit demons-trieren	Den Überfluss denken	Zuerst zuhören	Die eigenen Absichten erklären	Verpflich-tungen eingehen und halten
Tag 6	**Tag 7**	**Tag 8**	**Tag 9**	**Tag 10**
Das Klima selbst bestimmen	Vertrauen schenken	Vorbild für Work-Life-Balance sein	Die richtigen Leute an die richtige Stelle setzen	Sich Zeit nehmen für Beziehungs-pflege
Tag 11	**Tag 12**	**Tag 13**	**Tag 14**	**Tag 15**
Die eigenen Paradigmen überprüfen	Schwierige Gespräche führen	Tacheles reden	Mut und Rücksicht ins Gleich-gewicht bringen	Loyalität zeigen
Tag 16	**Tag 17**	**Tag 18**	**Tag 19**	**Tag 20**
Ungestraft die Wahrheit sagen lassen	Fehler korrigieren	Kontinuier-lich coachen	Das Team vor Druck schützen	Regelmäßig Einzel-gespräche führen
Tag 21	**Tag 22**	**Tag 23**	**Tag 24**	**Tag 25**
Andere schlau sein lassen	Visionen schaffen	Die Mega-wichtigen Ziele (MWZ) feststellen	Maßnahmen auf die Megawich-tigen Ziele abstimmen	Dafür sorgen, dass die Systeme Ihre Mission stützen
Tag 26	**Tag 27**	**Tag 28**	**Tag 29**	**Tag 30**
Ergebnisse liefern	Erfolge feiern	Hochwertige Entscheidun-gen treffen	Durch Ver-änderungen führen	Besser werden

Das Team vor Druck schützen

Woher nehmen Sie den Mut,
Ihr Team auf das zu fokussieren,
was am wichtigsten ist, was
bedeutet, dass Sie zu einigen
Ihrer eigenen besten Ideen Nein
sagen müssen?

ch arbeite gerne unter Druck. Und ich bin dafür bekannt, ihn mir selbst zu schaffen, wenn es keinen gibt, weil ich mich dann wichtig fühle. Das lässt an ein Phänomen denken, das als »Feuerwehrbrandstiftung« bekannt ist – ein seltenes Szenario, bei dem ein Feuerwehrmann absichtlich etwas in Brand setzt, damit er der Held sein kann, der als Erster vor Ort ist und das Feuer löscht. Es ist gewissenlos. Und auch wenn ich keinen Zusammenhang zum eigentlichen Akt der Brandstiftung herstellen kann, gibt es doch eine gewisse Parallele in meiner Selbstbeurteilung, wenn ich metaphorische Unternehmensfeuer lösche. Ganz ehrlich, ich stifte zwar nicht absichtlich Brände, aber ich liebe es, sie zu löschen (und die Anerkennung, die es dafür gibt).

Ein Großteil meiner beruflichen Laufbahn wurde von dieser heroischen Tendenz getrieben: herbeizueilen, um einem Chef bei der Lösung eines Problems zu helfen, oder eine Last-Minute-Idee umzusetzen, was ich beides großartig finde. Ich war auch dafür bekannt, mit unwiderstehlich kreativen Lösungen aufzuwarten, sie der Vorstandsetage schmackhaft zu machen und mein 30-köpfiges Team dann für die Erledigung dieses notfallmäßig zwingend umzusetzenden Projekts in Stellung zu bringen. Nicht, dass Wendigkeit, Reaktionsschnelle, Proaktivität und Kreativität nicht wichtig wären. Es ist hervorragend, diese Talente unter Beweis zu stellen, egal in welcher Organisation. Aber wenn sie den Ausschlag geben und zu Ihren verlässlichsten Stärken werden, während Sie mit Ihrem Team ständig Notfallübungen durchführen, ist das auf die Dauer einfach nicht tragbar. Ihre Glaubwürdigkeit leidet. Ihre Mitarbeiter werden der Sache überdrüssig, und Sie brennen schließlich aus. Ihr nächster Job kann nicht bei einem gut geführten, fokussierten und disziplinierten Unternehmen sein – um ehrlich zu sein, die brauchen Sie nicht. Sie müssen nach einer Firma suchen, die ständig im Chaos steckt und deshalb Ihre Tüchtigkeit beim Feuerlöschen zu schätzen weiß.

Ich war nicht gut darin, mein Team vor Druck zu schützen, bis ich FranklinCoveys eigenes Zeitmanagementbuch *Die 5 Ent-*

scheidungen: *Prinzipien für außergewöhnliche Produktivität*[18] las (was wieder mal die alte Weisheit bestätigt, dass die Kinder des Schusters barfuß herumrennen). Wenn Sie so ein Adrenalin-Junkie sind wie ich, können Firmennotfälle eine verlockende Abwechslung sein. Ich spüre immer noch den Drang; es verschafft mir sofortige Bestätigung und Belohnung. Ich glaube, der Adrenalinkick durch Druck ist belebend. Jedenfalls eine Zeit lang. Dann flacht er ab und lässt die Leute schnell ermüden. Man wird als übermäßig taktisch und nicht als strategisch wahrgenommen.

Ziemlich sicher haben Sie schon erlebt, wie der Chef das Team zusammentrommelte, um jemanden zu loben. Und ich wette, bei dem Lob ging es mehr um Feuer*bekämpfung* als um Feuer*verhütung*. Die Anerkennung, die ich erlebt (und zugegebenermaßen auch selbst ausgesprochen) habe, bezieht sich im Allgemeinen auf das heldenhafte Bemühen, in letzter Sekunde ein Problem zu lösen, einen Fehler zu beheben oder ein Versagen des Kundendienstes auszubügeln. Dazu ein paar Beispiele:

Ziemlich sicher haben Sie schon erlebt, wie der Chef das Team zusammentrommelte, um jemanden zu loben. Und ich wette, bei dem Lob ging es mehr um Feuerbekämpfung als um Feuerverhütung. Die Anerkennung, die ich erlebt (und zugegebenermaßen auch selbst ausgesprochen) habe, bezieht sich im Allgemeinen auf das heldenhafte Bemühen, in letzter Sekunde ein Problem zu lösen, einen Fehler zu beheben oder ein Versagen des Kundendienstes auszubügeln.

- Die Materialien für eine Schulung wurden gar nicht oder in den falschen Bundesstaat verschickt. Ein Teammitglied springt ins Auto und fährt die Nacht durch, um sie noch rechtzeitig auszuliefern. (Hier haben Sie eine Visa-Karte mit 100 Dollar Guthaben!)
- Sie haben Aussichten auf einen großen Kundenauftrag, müssen aber personell aufstocken, um ihn ausführen zu können.

Im Ergebnis wird ein Mitarbeiter gebeten, mehrere Jobs zu übernehmen, bis Sie die benötigten Stellen ausgeschrieben, Dutzende Bewerbungsgespräche geführt, die Leute eingestellt und geschult haben. (Ich lade Sie zum Essen ein – in einem Monat, wenn Sie wieder Zeit dafür haben, und unter der Voraussetzung, dass Sie bis dahin nicht gekündigt haben.)

- Sie haben die weltweite Verfügbarkeit eines neuen Produkts angekündigt. Das einzige Problem ist, dass es noch nicht ganz fertig ist und eine abschließende Studie, Qualitätsprüfungen, Verpackungsoptimierungen, Handarbeit und Montage benötigt. Jetzt setzen Sie Leute in Flugzeuge, um druckfrisches Material auszuliefern, weil Sie den dreiwöchigen Zeitpuffer überschritten haben. (Hier sind zwei Kinokarten für Sie und Ihre bessere Hälfte, falls Sie noch eine haben.)

Ich war früher regelmäßiger Teilnehmer an einem Fußgänger-/Autorennen namens »Delta Dash« – man brachte Pakete zur Außenstation des Delta-Flughafens, damit sie binnen fünf Stunden landesweit zugestellt werden konnten. (Sie müssen einer bestimmten Generation angehören, um sich daran erinnern zu können.) Heute gibt es eine ganze Industrie, die uns in unserem Drang zur Dringlichkeit unterstützt. (Haben Sie schon mal eine Express-Passverlängerung genutzt?) Eine der Kernkompetenzen, um Ihr Team vor Druck zu schützen, ist Einsichtsfähigkeit (auch als Urteilsvermögen bekannt). Wenn Sie vernünftige Entscheidungen treffen, die die Zeit und die Energie ihrer Teammitglieder auf deren Megawichtige Ziele (siehe Challenge 23) abstimmen, verringert das die Versuchung, immer alles unter Druck zu schaffen (es sei denn, Ihr Team arbeitet in einer Notaufnahme und/oder ich habe mir beim Delta Dash eine Sehne gezerrt und brauche sofortige Aufmerksamkeit). Was ich mit »Megawichtigen Zielen« meine, führe ich in der dazugehörigen Challenge noch näher aus, aber fürs Erste ist es entscheidend, die Spannung zwischen dem Wichtigen und dem Dringenden zu verringern. Beides miteinander in Einklang zu bringen ist häufig eine heikle Gratwanderung. Es kann hilfreich sein, mal einen Blick auf den ständig unter Strom stehenden Abteilungsleiter am anderen Ende des Flurs zu werfen und zu beschließen, dass das nicht Ihr Weg oder Ihr Image sein soll.

Als Vorgesetzte können wir unsere Teams vor Druck schützen, indem wir die konkreten Verhaltensweisen identifizieren und belohnen, die zur Erreichung unserer Ziele führen. Aber erst müssen wir mal dafür sorgen, dass wir keine Kultur entwickelt oder bestärkt haben, die die Brandbekämpfung mehr belohnt als die Brandverhütung. Das heißt natürlich nicht, dass Notfälle nicht gelegentlich passieren.

Das andere Extrem ist der Versuch, die Realität von Notfällen völlig zu verdrängen. Ich habe mal mit einer Beschäftigten gearbeitet, die mit unbewegter Miene erklärte: »Ich arbeite nicht unter Druck. Niemals. Ich arbeite *nur* an Projekten, die gründlich durchdacht, geplant und terminiert sind.« Ich weiß noch, dass ich dachte: *Na, schön für dich – und du wirst niemals für mich arbeiten.* Um die Wahrheit zu sagen, ich bin sicher, dass sie auch nie die Absicht hatte, für mich zu arbeiten. Vielleicht hatten wir damals beide extreme Positionen.

Schützen Sie Ihr Team vor Druck, indem Sie die Verhaltensweisen anerkennen, die Sie als beispielhaft belohnen wollen. Es liegt in Ihrer Verantwortung, Ihr Team auf das »Megawichtige« (wichtige und proaktive Unterfangen) zu fokussieren und nicht auf die Flächenbrände – selbst dann nicht, wenn Sie sie gelegt haben!

Ihr Team vor
Druck schützen

- Machen Sie sich klar, dass häufig Sie es sind, der Druck auf Ihr Team erzeugt. Worin äußert er sich?

- Wie können Sie besser planen oder Mehrarbeit ablehnen?

  - Fragen Sie sich, ob Ihr Bedürfnis nach Bestätigung oder Spannung die Ausrichtung Ihres Teams untergräbt.
  - Setzen Sie bei künftigen Initiativen vernünftige Fristen.
  - Belohnen Sie proaktive und präventive Maßnahmen, nicht nur heldenhafte Brandbekämpfung.

Tag 1	Tag 2	Tag 3	Tag 4	Tag 5
Bescheidenheit demonstrieren	Den Überfluss denken	Zuerst zuhören	Die eigenen Absichten erklären	Verpflichtungen eingehen und halten

Tag 6	Tag 7	Tag 8	Tag 9	Tag 10
Das Klima selbst bestimmen	Vertrauen schenken	Vorbild für Work-Life-Balance sein	Die richtigen Leute an die richtige Stelle setzen	Sich Zeit nehmen für Beziehungspflege

Tag 11	Tag 12	Tag 13	Tag 14	Tag 15
Die eigenen Paradigmen überprüfen	Schwierige Gespräche führen	Tacheles reden	Mut und Rücksicht ins Gleichgewicht bringen	Loyalität zeigen

Tag 16	Tag 17	Tag 18	Tag 19	Tag 20
Ungestraft die Wahrheit sagen lassen	Fehler korrigieren	Kontinuierlich coachen	Das Team vor Druck schützen	Regelmäßig Einzelgespräche führen

Tag 21	Tag 22	Tag 23	Tag 24	Tag 25
Andere schlau sein lassen	Visionen schaffen	Die Megawichtigen Ziele (MWZ) feststellen	Maßnahmen auf die Megawichtigen Ziele abstimmen	Dafür sorgen, dass die Systeme Ihre Mission stützen

Tag 26	Tag 27	Tag 28	Tag 29	Tag 30
Ergebnisse liefern	Erfolge feiern	Hochwertige Entscheidungen treffen	Durch Veränderungen führen	Besser werden

Regelmäßig Einzelgespräche führen

Was hindert Sie daran,
mit jedem Ihrer Teammitglieder
Einzelgespräche zu führen?

Um bei der Feuersymbolik der vorherigen Challenge zu bleiben: Die meisten Vorgesetzten agieren entweder aus einer Tendenz zur Brandverhütung oder zur Brandbekämpfung. Einen Großteil dieses Buches habe ich aus der Perspektive der Brandverhütung geschrieben – dort treffen Effizienz und Effektivität langfristig zusammen. Aber wie Sie wissen, geht mein natürlicher Hang eher in Richtung Feuerlöschen.

Seien wir mal ehrlich, viele von uns lieben die Herausforderung eines Notfalls, den Adrenalinkick, wenn sie den Flammen entgegenrennen, und das Lob für ihre Rettungsmaßnahmen. Wenn Sie zu diesen Vorgesetzten gehören, sind Sie bestimmt nicht besonders gut im Führen regelmäßiger Einzelgespräche. Sie können mich als Musterbeispiel für einen Management-Muffel betrachten, was diese Challenge angeht. (Anmerkung: Ich habe nie behauptet, dass ich mich in *allen* Hinsichten vom Muffel zur Legende entwickelt hätte.)

Wir Feuerwehr-Führungskräfte sind süchtig nach Notfällen. Und aufgrund dieser Sucht sind wir gut darin, andere zu enttäuschen. Ich sage meine Einzelgespräche ständig ab: Die unverzichtbare Morgenbesprechung hat länger gedauert, ich wurde im Flur von einem Kollegen aufgehalten, der meinen Rat brauchte, und jetzt klingelt mein Telefon. Das ist der Anruf, auf den ich gewartet habe, von einem wichtigen Autor, der um eine Buchempfehlung bittet, einem berühmten Firmenchef, der in meiner Radiosendung *Great Life, Great Career* auftreten will, oder einem Vordenker, den wir interviewen wollen. Wichtige Angelegenheit. Echt wichtig. Ehrlich ge-

> Wenn ich Sie bäte, Ihre wichtigsten Aktivposten aufzuführen, würden die meisten von Ihnen (wenn nicht sogar alle) mit Ihren Mitarbeitern beginnen. Auf lange Sicht ist nichts wichtiger als die Menschen, die Sie führen (und zu wissen, wie man sie führt), und das wissen Sie. Aber wie Sie diese Wichtigkeit zeigen, kann sich radikal davon unterscheiden, wie die anderen es wahrnehmen.

sagt wichtiger als mein Einzelgespräch (aber ist das wirklich so?). Um die Wahrheit zu sagen, es tut mir ein bisschen weh, meinen Mitarbeiter durch die Glastür meines Büros dastehen zu sehen mit seinem Ordner voller Dinge, die er mir unbedingt zeigen will. Ich wette, er hat sich die ganze Woche auf das Gespräch vorbereitet – hat Arbeitsproben zusammengetragen und zeitgleich stattfindende Meetings abgesagt in dem eifrigen Bestreben, einen guten Eindruck zu machen. Diese Besprechung ist ihm wichtig.

Und mir auch. Nur nicht so wichtig wie alles andere, was gerade läuft. Das ist die grausame Wahrheit. Das Wort »Heuchler« kommt mir in den Sinn, aber ich schiebe es beiseite und schicke meinem Assistenten eine Nachricht, dass er das Gespräch absagen soll. Mein Assistent ist mit dieser Aufgabe bestens vertraut, und der Mitarbeiter nickt und geht weg. Inzwischen habe ich das Telefongespräch beendet und erledige weitere wichtige Chefangelegenheiten. Offen gesagt habe ich beide Seiten dieser Situation erlebt und sollte es eigentlich besser wissen, weil es nämlich richtig ätzend ist.

Wenn ich Sie bäte, Ihre wichtigsten Aktivposten aufzuführen, würden die meisten von Ihnen (wenn nicht sogar alle) mit Ihren Mitarbeitern beginnen. Auf lange Sicht ist nichts wichtiger als die Menschen, die Sie führen (und zu wissen, wie man sie führt), und das wissen Sie. Aber wie Sie diese Wichtigkeit zeigen, kann sich radikal davon unterscheiden, wie die anderen es wahrnehmen.

In Familien ist das ganz ähnlich. Ich habe vor Kurzem Julie Morgenstern interviewt, Autorin zahlreicher Bestseller, darunter *Time to Parent,* und sie sprach über die unterschiedliche Wahrnehmung von Kindern und ihren Eltern. Ein typischer Dialog könnte sich zum Beispiel ungefähr so anhören:

Elternteil: »Ich habe alles für dich geopfert. Ich habe jahrelang gearbeitet und Geld beiseitegelegt, um dir alles Nötige zu bieten: Nahrung, ein Heim, Kleidung, Mobilität. Du musstest dich um nichts kümmern.«

Kind: »Ja, aber du warst nie für mich da!«

Die Eltern, die sich all der »unsichtbaren« Aktivitäten wohl bewusst sind, mit denen sie ihr Kind unterstützen, sind der Meinung, dass sie »alles« getan haben, um für es zu sorgen. Das Kind jedoch hat diese unsichtbaren Handlungen nie gesehen, es wollte einfach nur gemeinsame Zeit.

Das kommt Ihnen bekannt vor? Als Führungskraft wissen Sie, wie viele »unsichtbare« Stunden Sie dem Erfolg Ihres Teams gewidmet haben. Aber was es von Ihnen braucht, ist Zeit. Die Mitarbeiter brauchen Einzelgespräche, um genau zu sein, damit sie Themen ansprechen können, die ihr Vorankommen behindern, damit sie Feedback und Coaching bekommen, einen Entwicklungsplan entwerfen und mit Ihnen an Problemlösungen arbeiten können. Einzelgespräche sind eines Ihrer wichtigsten Werkzeuge zur Verbesserung des Teamengagements. Also müssen wir sie führen, selbst angesichts begründeter Herausforderungen und ständiger Notfälle.

Einige Challenges in diesem Buch schaffen die Grundlage für regelmäßige Einzelgespräche, darunter:

- Bescheidenheit zeigen,
- die eigenen Absichten erklären,
- Verpflichtungen eingehen und halten,
- Vertrauen schenken,
- sich Zeit nehmen für Beziehungspflege,
- die eigenen Paradigmen überprüfen.

Einige Challenges beziehen sich auch direkt darauf, wie Einzelgespräche zu führen sind:

- Zuerst zuhören,
- schwierige Gespräche führen,
- Tacheles reden,
- Mut und Rücksicht ins Gleichgewicht bringen,
- ungestraft die Wahrheit sagen lassen,

- kontinuierlich coachen,
- andere schlau sein lassen,
- Visionen schaffen,
- die Megawichtigen Ziele (MWZ) feststellen.

Fast die Hälfte der Führungs-Challenges in diesem Buch befürworten Einzelgespräche entweder unmittelbar oder werden durch sie gestärkt. Einzelgespräche sind keine Last und kein Teil irgendeiner Vorgesetzten-Checkliste. Sie sind etwas Wertvolles. Ehe wir sie nicht als solches betrachten, scheitern wir immer wieder in unseren Bestrebungen, sie durchzuführen. Und wenn unser Kalender nicht mit unseren Werten harmoniert, ist irgendetwas faul.

Ich rate (uns beiden) zu einer realistischen Einschätzung, wie oft wir reguläre Einzelgespräche führen können. Kündigen Sie nicht an, dass Sie wöchentlich Einzelgespräche abhalten, nur um sie dann abzusagen. Hier geht Qualität vor Quantität, besonders wenn der Feueralarm schrillt. Fangen Sie langsam an, indem Sie Ihr Team zusammenholen und Ihre Absicht erklären. Sie könnten Folgendes sagen:

»Ich möchte gerne mit regulären Einzelgesprächen anfangen, zu Beginn einmal monatlich, damit Sie ein Coaching erhalten, von Ihren Erfolgen erzählen und über Angelegenheiten sprechen können, die Ihren Einsatz betreffen. Es kann gelegentlich sein, dass ich die Gespräche absagen muss, weil irgendetwas meine sofortige Aufmerksamkeit benötigt. Bitte entschuldigen Sie im Voraus, falls das passiert, und glauben Sie nicht, dass Sie keine Priorität besitzen. Ich werde mein Bestes tun, um das Engagement zu honorieren und diese Zeit für uns beide wertvoll zu machen. Bitte tun Sie Ihr Bestes, um sich vorzubereiten und flexibel zu sein.«

FranklinCovey hat klare Richtlinien zur Strukturierung von Einzelgesprächen, angefangen mit der Tatsache, dass es sich dabei um ein Gespräch Ihrer Mitarbeiter, nicht Ihr eigenes handelt. Ihr Redeanteil sollte bei 30 Prozent und der des Mitarbeiters bei 70 Prozent liegen, denn es ist schließlich seine Tagesordnung, nicht Ihre. Verwechseln Sie das nicht mit Ihren regelmäßigen Teambesprechungen, in denen im Allgemeinen Sie die Agenda bestimmen. In unserem Buch *Willkommen in deinem ersten Führungsjob! Die 6 entscheidenden Methoden der Teamführung*[19] widmen wir eine ganze Übung der Durchführung von effektiven Einzelgesprächen. Wie ich hörte, ist der Hauptautor ein absoluter Management-Muffel (seien Sie also gewarnt).

Ich hätte diese Challenge für mich selbst schreiben können. Je stärker Sie mir ähneln, desto mehr Anklang findet dies hoffentlich bei Ihnen. Und falls Sie zu meinem Team gehören und dieses Kapitel lesen, gehe ich davon aus, dass Sie mich auch weiterhin zur Verantwortung ziehen.

Regelmäßig Einzelgespräche führen

- Wenn Sie sich mit Einzelgesprächen schwertun, fangen Sie langsam an. Die monatliche Durchführung ist für die meisten Führungskräfte nur ein Vorschlag, weil das besser ist als gar keine Einzelgespräche. Ein wöchentlicher Rhythmus kommt dem Ideal schon näher. Es gibt viele Variablen, die sich auf die Häufigkeit auswirken. Diese im Vorfeld zu akzeptieren ist entscheidend für Ihre Glaubwürdigkeit und den Umgang mit Erwartungen.

- Erklären Sie dem Team gegenüber Ihre Absicht.

- Vor dem Einzelgespräch:

  - Lesen Sie noch mal eine der damit zusammenhängenden Challenges in diesem Buch, und bringen Sie die Kompetenz in das Gespräch ein.
  - Denken Sie daran, dass Ihr Mitarbeiter die Tagesordnung »bestimmt«.

- Während des Einzelgesprächs:

  - Verpflichten Sie sich, nicht mehr als 30 Prozent des Redeanteils zu bestreiten. Finden Sie heraus, was Sie tun können, um Ihren Mitarbeiter zu unterstützen. Nicht vergessen: coachen statt belehren.
  - Erhalten und geben Sie Feedback in angemessenem Rahmen.
  - Empfehlenswert sind mindestens 30 Minuten, um einander auf den neusten Stand zu bringen und »Blockadepunkte« besprechen zu können.
  - Nehmen Sie sich auch Zeit für die Planung und Besprechung von Entwicklungspotenzial und Karriereförderung.

Tag 1	Tag 2	Tag 3	Tag 4	Tag 5
Bescheiden-heit demonstrieren	Den Überfluss denken	Zuerst zuhören	Die eigenen Absichten erklären	Verpflichtungen eingehen und halten

Tag 6	Tag 7	Tag 8	Tag 9	Tag 10
Das Klima selbst bestimmen	Vertrauen schenken	Vorbild für Work-Life-Balance sein	Die richtigen Leute an die richtige Stelle setzen	Sich Zeit nehmen für Beziehungspflege

Tag 11	Tag 12	Tag 13	Tag 14	Tag 15
Die eigenen Paradigmen überprüfen	Schwierige Gespräche führen	Tacheles reden	Mut und Rücksicht ins Gleichgewicht bringen	Loyalität zeigen

Tag 16	Tag 17	Tag 18	Tag 19	Tag 20
Ungestraft die Wahrheit sagen lassen	Fehler korrigieren	Kontinuierlich coachen	Das Team vor Druck schützen	Regelmäßig Einzelgespräche führen

Tag 21	Tag 22	Tag 23	Tag 24	Tag 25
Andere schlau sein lassen	Visionen schaffen	Die Megawichtigen Ziele (MWZ) feststellen	Maßnahmen auf die Megawichtigen Ziele abstimmen	Dafür sorgen, dass die Systeme Ihre Mission stützen

Tag 26	Tag 27	Tag 28	Tag 29	Tag 30
Ergebnisse liefern	Erfolge feiern	Hochwertige Entscheidungen treffen	Durch Veränderungen führen	Besser werden

Andere schlau sein lassen

Müssen Sie unbedingt
der Klügste im Raum sein?

Wie ist das so, ein berufliches Verhältnis mit Ihnen zu haben? Denken Sie mal darüber nach, wie Ihre Kollegen und Mitarbeiter diese Fragen beantworten würden:

- Fühlen Sie sich besser und ermutigt, nachdem Sie mit mir zusammen waren?
- Fühlen Sie sich nach einem Gespräch mit mir aufgerichtet oder niedergedrückt?
- Können Sie Geschichten erzählen, ohne dass ich Sie zu überbieten versuche?
- Können Sie mir neue Ideen mitteilen?
- Können Sie eine Diskussion mit mir gewinnen oder auch nur überleben, oder debattiere ich Sie in Grund und Boden?
- Muss ich immer im Recht sein, das letzte Wort haben und mit der besten Idee aufwarten?
- Können Sie sich in meiner Gegenwart klug fühlen?
- Lasse ich anderen Zeit, um zu sprechen, etwas zu hinterfragen oder ein Brainstorming zu machen?

Fragen Sie einen Kollegen, einen direkten Untergebenen, Ihren Vorgesetzten, Ihren Partner oder ein Mitglied im selben Ausschuss, wie es ist, Sie zu kennen. Betrachten Sie ihre Antworten vor dem Hintergrund dieser Führungs-Challenge – lassen Sie andere schlau sein.

Zu Beginn meiner Zeit als Leiter der Marketingabteilung kam ich gut zurecht mit der Art, wie wir Geschäfte machen – Direkt-Mails, E-Mails, Telefongespräche, persönliche Treffen, eine anständige Website, Live-Events und so weiter. Aber im Laufe der Zeit wurden unsere Käufer und Influencer immer geschickter darin, die Lösungen unserer Branche über digitale Kanäle anzuzapfen. Es war allerhöchste Zeit für mich, talentierte Mitarbeiter für den Ausbau unserer digitalen Angebote an Bord zu holen.

Wir mussten Mitarbeiter von außen in die Firma holen, um unsere Fachkenntnisse in neuen Strategien wie SEO, UX, Marketing-Automation, Videoproduktion, Social Media und der sich ständig wandelnden Landschaft des B2B-Marketings aufzustocken. Ich musste Profis anheuern, die schon vom ersten Tag an mehr über ihre Positionen wussten, als ich jemals wissen würde. Wir stellten einige sehr begabte Branchen-Profis mit umfassenden Kenntnissen in eng umrissenen, aber entscheidenden Bereichen ein, und von diesem Tag an verlor ich an Wichtigkeit. Oder zumindest war das meine Wahrnehmung.

In ihrem fundierten Führungsratgeber *Multipliers: How the Best Leaders Make Everyone Smarter*[20] fordert Liz Wiseman Führungskräfte auf, einige Kernfragen zu beantworten: Sind Sie das Genie, oder machen Sie die Genies? Sind Sie ein Multiplikator (jemand, der seine Intelligenz dazu nutzt, das Beste aus anderen herauszuholen) oder ein Kleinmacher (der »Schlauste im Raum«, der alle anderen in ihre Schranken verweist)?

Dr. Covey hat in seinem Leben nur wenige Bücher empfohlen und für noch weniger das Vorwort geschrieben. Ich bin stolz darauf, dass er Liz' Vorwort verfasst hat. Dieses Buch ist ein Meisterwerk, das unsere natürliche Neigung als Führungskräfte verständlich macht, immer die richtigen Antworten zu haben. Ich kann aufrichtig sagen, dass ihr Buch zur Veränderung meines Führungsstils beigetragen hat. Ich habe mich entschieden, in den Hintergrund zu treten und dieses Team von Genies zu ermächtigen, ihre Stärken zum Einsatz zu bringen. Im Ergebnis haben sie unsere digitale Präsenz in die Spitzenklasse befördert (ich verwechselte die ganze Zeit Instagram und Pinterest und versuchte vergeblich zu begreifen, warum ein Käufer dort nach uns suchen sollte). Es war gar nicht so einfach zu verkraften. Eben wurde ich noch als eine der kreativsten und innovativsten Führungskräfte betrachtet, und jetzt versuchte ich nur noch, mit diesen klugen neuen Köpfen Schritt zu halten, die alle viel jünger waren und ehrlich gesagt viel klüger in ihren Fachbereichen.

Um es freiheraus zu sagen, vor meinem Aha-Moment als Multiplikator war ich nicht immer ein glanzvolles Beispiel darin, mein

Team im Suchen von neuen Wegen, Entwickeln von Strategien und Verteilen von Ressourcen zu bestärken. Ich bewahrte mir meine Autorität und meinen Status, indem ich als Torwächter entschied, wer mit dem CEO und der Führungsebene sprach und wer nicht. Rückblickend betrachtet habe ich wahrscheinlich einiges an Kreativitäts- und Kompetenzentwicklung bei anderen unterdrückt und nicht das Maß an Fortschritten in Gang gesetzt, das zu erreichen gewesen wäre, wenn ich mir meines eigenen Beitrags sicherer gewesen wäre. Ich fand heraus, dass es nicht meine Aufgabe war, alles zu wissen, sondern diejenigen zu erkennen, anzuwerben und vor allem zu binden, die es taten, um uns nach oben zu bringen. Manche werden wohl denken, dass es mir gelungen ist; andere halten mich für gescheitert. Willkommen im Führungsbereich.

Vorgesetzte, die andere nicht gut schlau sein lassen können, werden oft von ihrem Ego angetrieben, von Unsicherheit oder von dem Wunsch, hineinzugrätschen und jede Idee noch zu übertreffen. In der Marketingabteilung von FranklinCovey gab es eine Redewendung: »Die beste Idee setzt sich durch – solange sie von Scott ist.« (Das war ein Witz, hoffe ich, und ich würde es gerne dabei belassen.) Diese drei Kompetenzen können Sie einsetzen, um andere zu ermächtigen und zu ermutigen, ihre Kreativität,

In ihrem fundierten Führungsratgeber *Multipliers: How the Best Leaders Make Everyone Smarter* fordert Liz Wiseman Führungskräfte auf, einige Kernfragen zu beantworten: Sind Sie das Genie, oder machen Sie die Genies? Sind Sie ein Multiplikator (jemand, der seine Intelligenz dazu nutzt, das Beste aus anderen herauszuholen) oder ein Kleinmacher (der »Schlauste im Raum«, der alle anderen in ihre Schranken verweist)?

Erfahrung und Perspektiven einzubringen:

- Achten Sie auf den prozentualen Zeitanteil, den Sie mit Reden statt mit Zuhören verbringen. Zuhören heißt mehr, als den anderen nur zu »hören« – mehr als die physischen und mechanischen Vorgänge, Geräusche aufzunehmen, zu interpretieren und mit einem Sinn zu hinterlegen. Ich meine *richtiges* Zuhören – die Aufmerksamkeit auf einen anderen und seine Worte zu fokussieren. Zuhören ist nicht nur Hören, sondern das Gesagte verstehen und wichtig nehmen.
- Entscheiden Sie, wann Sie der Experte mit der »richtigen« Antwort sein wollen und wann Sie Ihrem Team ermöglichen, sich selbst durch den Prozess hindurchzuarbeiten, um sie zu finden.
- Viele Führungskräfte glauben, es sei ihre Aufgabe, schnellstmöglich die richtige Antwort zu liefern. Das ist auch häufig der Fall. Aber manchmal ist es wichtiger, dass Ihr Team sich durch den Prozess kämpft, um selbst dorthin zu gelangen, denn das stärkt seine Fähigkeit, es wieder zu tun.
- Sie müssen nicht immer die treibende Kraft jeder Diskussion sein. Bitten Sie jemanden aus Ihrem Team, die Führung zu übernehmen.

Andere schlau sein lassen

- Lesen Sie Liz Wisemans *Multipliers*, und machen Sie den ergänzenden Online-Test, der im Buchpreis enthalten ist. Das wird Ihre Sichtweise verändern und Ihnen dabei helfen, Genies aufzubauen. Ihre zukünftigen Mitarbeiter werden Ihnen dafür dankbar sein.

- Beurteilen Sie Ihr Paradigma: Kommen Sie gut damit klar, sich mit Menschen zu umgeben, die klüger sind? Stellen Sie Schwächere ein, um sich einen hohen Status zu bewahren, oder stellen Sie Stärkere ein, um die Qualität und die Erfolgsergebnisse all Ihrer Initiativen zu steigern?

- Bitten Sie einen Mitarbeiter beim nächsten Einzelgespräch, Ihnen aufrichtig zu sagen, wie es ist, mit Ihnen in einem beruflichen Verhältnis zu stehen.

- Fordern Sie einen Mitarbeiter auf, ein Projektmeeting zu leiten (mit oder ohne Ihre Anwesenheit). Halten Sie sich zurück und im Hintergrund.

- Wenn Sie das nächste Mal ein Meeting leiten, bitten Sie einen vertrauenswürdigen Kollegen, den Prozentsatz der Zeit zu erfassen, in der Sie sprechen, Probleme lösen und so weiter. Da Sie sich der Zeiterfassung bewusst sind, mag der Anteil vielleicht geringer sein als normal. Aber er kann immer noch lehrreich sein und Ihnen die Erkenntnis bieten, wie stark Ihre Tendenz zum unbeabsichtigten Kleinmachen ist.

TEIL 3

Resultate erzielen

Tag 1	Tag 2	Tag 3	Tag 4	Tag 5
Bescheiden-heit demons-trieren	Den Überfluss denken	Zuerst zuhören	Die eigenen Absichten erklären	Verpflich-tungen eingehen und halten

Tag 6	Tag 7	Tag 8	Tag 9	Tag 10
Das Klima selbst bestimmen	Vertrauen schenken	Vorbild für Work-Life-Balance sein	Die richtigen Leute an die richtige Stelle setzen	Sich Zeit nehmen für Beziehungs-pflege

Tag 11	Tag 12	Tag 13	Tag 14	Tag 15
Die eigenen Paradigmen überprüfen	Schwierige Gespräche führen	Tacheles reden	Mut und Rücksicht ins Gleich-gewicht bringen	Loyalität zeigen

Tag 16	Tag 17	Tag 18	Tag 19	Tag 20
Ungestraft die Wahrheit sagen lassen	Fehler korrigieren	Kontinuier-lich coachen	Das Team vor Druck schützen	Regelmäßig Einzel-gespräche führen

Tag 21	Tag 22	Tag 23	Tag 24	Tag 25
Andere schlau sein lassen	Visionen schaffen	Die Mega-wichtigen Ziele (MWZ) feststellen	Maßnahmen auf die Megawich-tigen Ziele abstimmen	Dafür sorgen, dass die Systeme Ihre Mission stützen

Tag 26	Tag 27	Tag 28	Tag 29	Tag 30
Ergebnisse liefern	Erfolge feiern	Hochwertige Entscheidun-gen treffen	Durch Ver-änderungen führen	Besser werden

Visionen schaffen

Haben Sie eine mitreißende
Vision formuliert, sodass Ihre
Leute aus voller Überzeugung
ihr Bestes geben?

I n der jüngeren Geschichte war Walt Disney eine der brillantesten Business-Führungskräfte, was das Schaffen und Kommunizieren einer Vision angeht.

Celebration, die Planstadt der Disney Development Company, ist dafür ein hervorragendes Beispiel. Sie war die Erfüllung von Walts Traum, teilweise realisiert durch das EPCOT Center in Walt Disney World in Orlando, Florida. Zufälligerweise kenne ich die Geschichte gut, denn ich war von 1992 bis 1996 eines der Gründungsteammitglieder des Projekts. In nur wenigen Jahren verwandelte Disney zehn Quadratmeilen Brach- und Weideland in eine der innovativsten Städte der Welt. In Celebration gab es eine ganz neue öffentlich-private Schule, einige Einzelhandelsgeschäfte, Häuser und Wohnungen, ein fortschrittliches Krankenhaus und Bürogebäude, die von weltweit führenden Architekten entworfen worden waren. Die top-moderne Technologie der Stadt ermöglicht eine Lebensweise, die von einigen als »Kreuzung zwischen *Die Jetsons* und Mayberry« bezeichnet wurde.

Celebration ist natürlich nicht perfekt, aber darum geht es auch gar nicht. Alles hier wurde von der Vision eines einzigen Menschen inspiriert – eines Menschen, den die Mehrheit der Teammitglieder vermutlich nie kennengelernt hat. Das war die Stärke von Walt Disneys Vision; ein Traum, den er mit Leidenschaft, Deutlichkeit und Konsequenz kommunizierte.

Meine berufliche Erfahrung bei Disney hat mich gelehrt, dass das Schaffen einer kühnen Vision häufig unbequem ist. Es kann sowohl inspirierend als auch echt mühsam sein. Ich für meinen Teil war immer sehr gut im Schaffen von Visionen und zähle es zu meinen wertvollsten Führungsstärken. Und damit meine ich nicht einfach nur eine Vision zu *haben* – denn so heißt diese Challenge nicht. Führungskräfte *schaffen* Visionen, bis sie von ihren Teams und Kollegen geteilt werden. Sie entwerfen eine Vision, die so klar und so gut auf die Missionen und Ziele der Organisation abgestimmt ist, dass jeder sie in 30 Sekunden oder weniger formulieren könnte.

Die konventionelle Lerntheorie besagt, dass Menschen entweder visuelle, auditive oder kinästhetische Lernende sind. Ich glaube allerdings, dass *jeder* ein visueller Lernender ist, außer vielleicht, er hat eine Sehbehinderung. Niemand hat jemals ein Baudarlehen ohne Modellskizze bewilligt, und dasselbe gilt auch für Führungskräfte. Egal ob Sie PowerPoint, Bilder, Modelle oder Storyboards nutzen: Um Visionen zu schaffen, müssen andere sie *sehen* können. Und weil Sie den anderen nicht in den Kopf gucken können, um herauszufinden, ob

Führungskräfte schaffen Visionen, bis sie von ihren Teams und Kollegen geteilt werden. Sie entwerfen eine Vision, die so klar und so gut auf die Missionen und Ziele der Organisation abgestimmt ist, dass jeder sie in 30 Sekunden oder weniger formulieren könnte.

sie Ihre Vision sehen (und verstehen), müssen Sie dafür sorgen, dass sie sie in Worte fassen können. Ich bitte meine Kollegen und Mitarbeiter, genau das zu tun – die Vision zu wiederholen, die ich ihnen gerade mitgeteilt habe. Oft fügen sie dabei noch etwas Neues hinzu. Und das ist super, denn eine Vision zu schaffen ist oft eine gemeinsame Leistung.

In meiner vorherigen Position als Chief Marketing Officer war ich dafür verantwortlich, eine mitreißende Vision rund um verschiedene Events und Initiativen zu schaffen, darunter auch für den Facilitator Enhancement Day (FED). Dieses Event ermöglichte es unseren Prozessbegleitern (von denen alljährlich über 5 000 zertifiziert wurden), ihre unternehmerischen Fähigkeiten zu verbessern, ihre Netzwerke zu erweitern und ihre Moderationskompetenz zu erhöhen. Jedes Jahr schuf unser Team eine fesselnde Marketingkampagne mit einem Themenschwerpunkt, einer Website, einer E-Mail-Strategie und gedruckten Einladungen, um den FED zu bewerben. Wir erstellten diese lange Liste von Aufgaben fast ein Jahr vor dem Event, damit die Partnerklienten ihren Kunden das Erlebnis ankündigen konnten. Die Tatsache, dass das Begleitmaterial entworfen und verteilt wurde, noch ehe die

Tagesordnung feststand, sorgte in anderen Unternehmensbereichen für Frustration: »Wie könnt ihr denn etwas verkaufen, bevor ihr es überhaupt erschaffen habt?«, fragten sie. Die Antwort war einfach: Wenn Sie eine starke Vision geschaffen und formuliert haben, haben Sie damit auch die Wahrscheinlichkeit erhöht, dass sie zur Entfaltung kommt. Das passiert ständig, zum Beispiel in der Filmbranche, wo die Marketingteams einen Trailer erstellen, während der Produktionsprozess noch in vollem Gange ist. Es ist gang und gäbe, dass ein Film noch wenige Tage vor der Premierenaufführung in Ihrem örtlichen Kino den letzten Schliff erhält.

Sie irren sich, wenn Sie annehmen, dass Ihre Arbeit erledigt ist, nachdem Sie eine starke Vision geschaffen haben. Vielleicht haben sie kürzlich das Debakel rund um das Fyre Festival mitbekommen. Die Organisatoren schufen die fantastische Vision eines exklusiven, anspruchsvollen Musikfestivals auf einer abgelegenen Karibikinsel mit schönen Menschen, Livebands und Luxusyachten in türkisblauem Wasser. Die Festivalorganisatoren zahlten Hunderttausende an Influencer, um die Vision in den sozialen Netzwerken zu verbreiten.

Das Problem war nur, dass die Vision völlig von der Realität abgekoppelt war. Als die Besucher des ausverkauften Events ankamen, fanden sie umfunktionierte Katastrophenhilfezelte vor anstelle von Luxusvillen und Käsebrötchen statt Gourmet-Catering. Das Event entwickelte sich zum Chaos, als die Besucher versuchten, die Insel fluchtartig zu verlassen. Im Ernst, eine tolle Vision ist nicht ausreichend.

Erfolgreiche Führungskräfte strukturieren eine Vision, setzen sie um und erfüllen sie mit Leben, was unsere Organisation in dem Lehrgang *The 4 Essential Roles of Leadership* unterrichtet. Auf einem hohen Niveau bedeutet das Schaffen einer Vision, zu definieren, wohin Ihr Team will und wie es dorthin gelangt. Beachten Sie das Wort »wie«. Es ist gar nicht so selten, dass ein Vorgesetzter sich nach einer vollmundigen Ankündigung bequem zurücklehnt und davon ausgeht, dass seine Vision einfach geschieht. Tatsächlich werden viele kühne Strategien niemals umgesetzt, weil die Mitarbeiter entweder verwirrt sind oder wenig begeistert oder sich denken:»Auch das geht vorüber.«

Eine Vision zu schaffen, sie wirkungsvoll zu kommunizieren und sie auf das tägliche Verhalten zu übertragen erfordert viele Talente. Die gute Nachricht ist, dass diese erlernbar sind:

- Passen Sie Ihre Botschaft an die Kultur an. Sprechen Sie dieselbe Sprache wie Ihre Zuhörer? Benutzen Sie Worte, die jeder versteht? Können andere sich selbst in Ihrer Botschaft wiederfinden?
- Schmieden Sie eine Vision, die sich innerhalb der Reichweite befindet. Der kühne Plan, innerhalb von zwei Jahren den Mars zu besiedeln, hört sich töricht an. Stellen Sie Ihre Vision so ein, dass die Leute sich anstrengen müssen – vielleicht ziemlich stark –, aber immer noch erfolgreich sein können. Die Vision muss realisierbar sein.
- Formulieren und wiederholen Sie die Vision bei jeder passenden Gelegenheit. Machen Sie das so lange, bis Sie die Vision so oft mitgeteilt haben, dass Sie sie selbst nicht mehr hören können. Selbst wenn Sie von Ihrer eigenen Vision die Nase voll haben, sind vermutlich erst 50 Prozent des Weges geschafft. Machen Sie nicht den fatalen Fehler zu glauben, was für Sie klar ist, sei auch für die anderen klar. Die Vision wird zu einer Realität mit unablässigem Streben und unablässiger Kommunikation.
- Gewinnen Sie Botschafter. Suchen Sie sich Kollegen, die Ihre Vision verbreiten, und sorgen Sie dafür, dass sie sie begreifen. Bevormunden Sie sie nicht, aber lassen Sie es sich von ihnen noch mal wiederholen. Lassen Sie sie Fragen stellen, Sie löchern, sämtliche Ja-Abers vorbringen. Je mehr Ihre Botschafter begreifen, desto wahrscheinlicher ist es, dass sie treue Übersetzer und Befürworter werden. Überlegen Sie, Video- und Audioaufnahmen von sich selbst zu machen

und Ihre Vision auch schriftlich festzuhalten, damit jeder sie Punkt für Punkt versteht.

Einige dieser Ratschläge kommen Ihnen vielleicht pedantisch vor, aber sie sollen die Tatsache betonen, dass kein Vorgesetzter eine mitreißende Vision jemals zu viel kommuniziert hat. Lohnenswerte, ehrgeizige Projekte und Initiativen scheitern typischerweise daran, dass die Führung irrtümlich angenommen hat, sie seien dem Team oder der Organisation ausreichend nahegebracht worden. Oder sie haben, was gelegentlich vorkommt, selbst das Interesse daran verloren.

Auf einem hohen Niveau bedeutet das Schaffen einer Vision, zu definieren, wohin Ihr Team will und wie es dorthin gelangt. Beachten Sie das Wort »wie«. Es ist gar nicht so selten, dass ein Vorgesetzter sich nach einer vollmundigen Ankündigung bequem zurücklehnt und davon ausgeht, dass seine Vision einfach geschieht.

Visionen schaffen

- Schaffen Sie eine Teamvision, indem Sie diese Fragen beantworten:

  - Welchen Beitrag kann unser Team zur Mission und Vision der Organisation leisten?
  - Wenn Ihr Team während der nächsten ein bis fünf Jahre einen außerordentlichen Beitrag leisten könnte, welcher wäre das?

- Erinnern Sie sich an eine inspirierende Vision, die bei Ihnen Anklang gefunden hat. Was daran war für Sie persönlich motivierend und kraftvoll?

- Schaffen Sie für Ihr Team eine Vision, indem Sie nicht nur das Warum und das Was, sondern auch das Wie formulieren. Das Wie kann der Schlüssel zu ihrem Erfolg sein.

Tag 1	Tag 2	Tag 3	Tag 4	Tag 5
Bescheidenheit demonstrieren	Den Überfluss denken	Zuerst zuhören	Die eigenen Absichten erklären	Verpflichtungen eingehen und halten

Tag 6	Tag 7	Tag 8	Tag 9	Tag 10
Das Klima selbst bestimmen	Vertrauen schenken	Vorbild für Work-Life-Balance sein	Die richtigen Leute an die richtige Stelle setzen	Sich Zeit nehmen für Beziehungspflege

Tag 11	Tag 12	Tag 13	Tag 14	Tag 15
Die eigenen Paradigmen überprüfen	Schwierige Gespräche führen	Tacheles reden	Mut und Rücksicht ins Gleichgewicht bringen	Loyalität zeigen

Tag 16	Tag 17	Tag 18	Tag 19	Tag 20
Ungestraft die Wahrheit sagen lassen	Fehler korrigieren	Kontinuierlich coachen	Das Team vor Druck schützen	Regelmäßig Einzelgespräche führen

Tag 21	Tag 22	Tag 23	Tag 24	Tag 25
Andere schlau sein lassen	Visionen schaffen	Die Megawichtigen Ziele (MWZ) feststellen	Maßnahmen auf die Megawichtigen Ziele abstimmen	Dafür sorgen, dass die Systeme Ihre Mission stützen

Tag 26	Tag 27	Tag 28	Tag 29	Tag 30
Ergebnisse liefern	Erfolge feiern	Hochwertige Entscheidungen treffen	Durch Veränderungen führen	Besser werden

Die Megawichtigen Ziele (MWZ) feststellen

Kennt jeder die zwei oder drei höchsten Prioritäten des Teams (MWZ) und weiß, wie die gemeinsamen Bemühungen zu ihrer Erreichung miteinander in Einklang gebracht werden?

Mehr ist nicht besser; besser ist besser. Es sei denn, es ist Pizza – in dem Fall, seien wir mal ehrlich, zählt immer die Quantität. Die Verlockung, Ja zu mehr von den großartigen (oder auch nur guten) Ideen zu sagen, die uns so über den Weg laufen, ist möglicherweise die schlimmste Falle für Führungskräfte. Ob ich schon in die Jasager-Falle getappt bin? Allerdings. Ich habe da sogar einen Wohnsitz angemeldet und lasse meine Post dorthin weiterleiten. Ich liebe es, Ja zu sagen. Aber was ich auf die harte Tour lernen musste, ist das Setzen von Prioritäten: Ja zu den Megawichtigen Zielen und nicht zu einem Haufen anderer guter Ideen. Megawichtige Ziele (oder MWZ, wie wir sie nennen) sind die wenigen, äußerst wichtigen Ziele, die erreicht werden müssen, damit alle anderen Ziele überhaupt einen Sinn haben. Trotz ihrer entscheidenden Wichtigkeit können MWZ vernachlässigt werden, weil die Verlockung so groß ist, sich auf die alltäglichen Dringlichkeiten zu fokussieren (siehe Challenge 19).

Mehr ist nicht besser; besser ist besser. Es sei denn, es ist Pizza; in dem Fall, seien wir mal ehrlich, zählt immer die Quantität. Die Verlockung, Ja zu mehr von den großartigen (oder auch nur guten) Ideen zu sagen, die uns so über den Weg laufen, ist möglicherweise die schlimmste Falle für Führungskräfte.

Eine Methode, sich von Dringlichkeiten auffressen zu lassen, besteht darin, sich auf zu viele neue Ideen zu konzentrieren. Vor gar nicht allzu langer Zeit, als ich *Multipliers von Liz Wiseman* las, hatte ich ein berufliches Erweckungserlebnis. Mir wurde bewusst, dass ich das bin, was die Autorin als »Der Ideenfritze« bezeichnet – einer von sechs Typen Unabsichtlicher Kleinmacher (ein Konzept, das ich bereits in Challenge 21 erwähnte). Der Ideenfritze will immer mehr, sagt mehr, schafft mehr und bietet anderen mehr. So hat er in der Vergangenheit seinen Wert am besten unter Beweis gestellt: indem er immer mehrere Lösungen bereithält, die er im Allgemeinen mit Charisma und Ausstrahlung verkauft und denen kluge und fokussierte Menschen oft sehr gerne folgen.

Zuerst ist der Ideenfritze erfolgreich, er bekommt das Budget, die Zeit, die Aufmerksamkeit, den Fokus und die Ressourcen, um mit seinem Plan den Tag zu retten. In diesem Moment wird er als wichtig betrachtet (weil er das auch ist), und sein heldenhaftes Bemühen bringt die Organisation näher zu irgendeinem Ziel, zumindest oberflächlich. Aber nun kommt das Problem: Obwohl solche Ideen oft außerordentlich kreativ und überzeugend für die Lösung unmittelbarer kurzfristiger Probleme sind, können sie doch häufig von den unternehmerischen MWZ ablenken. Das soll nicht heißen, dass kreative Menschen (also die Ideenfritzen) nicht maßgeblich für den Innovationsbedarf einer jeden Organisation sind. Sie sind sicher unersetzlich; sie können aber einfach ein bisschen Lenkung und Disziplin gebrauchen.

Ich vermute, die Autorin hat an mich gedacht, als sie diesen Typ erfand (oder vielleicht an Sie?). Die Führungskompetenz, die man für die Zusammenarbeit mit uns Ideenfritzen braucht, ist Urteilsvermögen – um unsere Energie und unseren Schwung mit den längerfristigen unerlässlichen Maßnahmen ins Gleichgewicht zu bringen. Oft bedeutet dieses Gleichgewicht, dass man in der Lage sein muss, zu der nächsten neuen und verlockenden Idee Nein zu sagen. Ich wette, nur wenige von uns denken jemals so richtig darüber nach, welche weit verzweigten Folgen unsere sorglose Jasagerei auslöst. Gute Führungskräfte lernen, nicht einfach abzulehnen, sondern stattdessen die Talente des Ideenfritzen für die MWZ einzusetzen.

Wie legen Sie also die MWZ für Ihr Team fest? Beginnen Sie nicht mit der Frage: »Was sind die wichtigsten Dinge, auf die wir uns konzentrieren müssen?« Fragen Sie zuerst, was Chris McChesney, Sean Covey und Jim Huling in ihrem Bestseller *Die 4 Disziplinen der Umsetzung*[21] näher erläutern: »Wenn jeder andere unserer Betriebsbereiche auf seinem derzeitigen

Megawichtige Ziele (MWZ) sind die wenigen, äußerst wichtigen Ziele, die erreicht werden müssen, damit alle anderen Ziele überhaupt einen Sinn haben.

Leistungsniveau bliebe, in welchem Bereich hätte eine Veränderung die stärksten Auswirkungen?« Das hilft Ihnen dabei, eine Liste potenzieller MWZ zu erstellen. Stellen Sie sie dann Ihrem Team vor, und bitten Sie um Rückmeldungen und Zustimmung. So erhöhen Sie die Wahrscheinlichkeit, Ihre MWZ zu erreichen:

- *Zusammenarbeiten.* Erarbeiten Sie die MWZ gemeinsam mit den wichtigsten Stakeholdern, und besprechen Sie dann, ob sie dieses Status würdig sind. Fragen Sie:»Bringen diese MWZ, wenn sie umgesetzt wurden, einen Ertrag, der es rechtfertigt, andere Ziele zu ersetzen?« Denken Sie daran, nicht jedes Ziel kann megawichtig sein.
- *Auswählen.* Wählen Sie die Initiativen aus, an denen Sie *nicht* arbeiten wollen. Teilen Sie Ihrem Team mit, wozu Sie Nein sagen, damit sie zu schätzen wissen, wozu Sie Ja sagen.
- *Gestalten.* Formulieren Sie Ihre Ziele mit verständlichen, umsetzbaren Worten. In *Die 4 Disziplinen der Umsetzung* wird eine einfache Formel verwendet, die wir »Von X zu Y bis dann und dann« nennen. Zum Beispiel: *Wir verändern die Kundenbindungsquote von 84 Prozent auf 91 Prozent bis zum 31. Dezember.*
- *Kommunizieren.* Teilen Sie Ihre Ziele mit genügend Deutlichkeit mit, damit alle Beteiligten sich ihnen mit derselben Ernsthaftigkeit und Einsicht widmen können wie Sie.
- *Nachverfolgen.* Führen Sie Buch über die Fortschritte, die Sie auf dem Weg zu Ihren Zielen machen. Verwenden Sie eine visuell ansprechende Anzeigetafel, damit jeder auf einen Blick feststellen kann, ob die Ziele erreicht werden.
- *Delegieren.* Sorgen Sie dafür, dass jeder an der Zielumsetzung beteiligte Mitarbeiter begreift, wie sein Beitrag aussieht und welche neuen und vielleicht unterschiedlichen Verhaltensweisen das erfordert. Achten auch Sie darauf, was Sie brauchen, um anders vorzugehen.
- *Besprechen.* Planen und leiten Sie wiederholte Meetings, um

den Umsetzungsstatus des Ziels und die Anzeigetafel zu überprüfen, von Erfolgen und Misserfolgen zu berichten und weitere Vereinbarungen zur Zielerreichung zu treffen.

- *Feiern.* Bezeichnen Sie die Erfolge, wenn das MWZ erreicht ist. Fügen Sie der Liste dann das nächste hinzu.

Ich war bekannt für die Frage, die ich in unseren Führungsteam-Meetings stellte, wenn sich eine Chance oder eine herausfordernde Situation ergab: »Also, wie wär's denn, wenn wir …?« Und zwar so bekannt, dass dies die Inschrift auf meinem Grabstein sein könnte. Das war schon immer meine Einleitung zu einer Flut kreativer (aber verwirrender) Ideen. Als ich mich bewusst bemühte, meinen Fokus auf die MWZ zu richten, versprach ich, dass ich diese Phrase nicht mehr so oft benutzen würde, was einem Großteil unserer Organisation erlaubte, auf unsere MWZ konzentriert zu bleiben. Es kann schwer sein, eine solche Gewohnheit abzulegen, besonders wenn Sie so ein Ideenfritze sind wie ich.

VOM MUFFEL ZUR LEGENDE

Die Megawichtigen Ziele feststellen

- Bestimmen Sie mit Ihrem Team, welche Prioritäten unbedingt erreicht werden *müssen*, weil sonst alles andere keinen Sinn ergibt.

- Legen Sie für jedes MWZ einen Startpunkt, ein Ziel und eine Frist fest: »Von X zu Y bis dann und dann.«

- Stimmen Sie die MWZ auf die Vision, die Mission und die Strategie Ihrer Organisation ab.

- Folgen Sie dem weisen Rat von Jim Collins und legen Sie ebenso viel Wert auf Ihre »Not to do«-Liste wie auf Ihre »To do«-Liste.

Tag 1	Tag 2	Tag 3	Tag 4	Tag 5
Bescheidenheit demonstrieren	Den Überfluss denken	Zuerst zuhören	Die eigenen Absichten erklären	Verpflichtungen eingehen und halten

Tag 6	Tag 7	Tag 8	Tag 9	Tag 10
Das Klima selbst bestimmen	Vertrauen schenken	Vorbild für Work-Life-Balance sein	Die richtigen Leute an die richtige Stelle setzen	Sich Zeit nehmen für Beziehungspflege

Tag 11	Tag 12	Tag 13	Tag 14	Tag 15
Die eigenen Paradigmen überprüfen	Schwierige Gespräche führen	Tacheles reden	Mut und Rücksicht ins Gleichgewicht bringen	Loyalität zeigen

Tag 16	Tag 17	Tag 18	Tag 19	Tag 20
Ungestraft die Wahrheit sagen lassen	Fehler korrigieren	Kontinuierlich coachen	Das Team vor Druck schützen	Regelmäßig Einzelgespräche führen

Tag 21	Tag 22	Tag 23	Tag 24	Tag 25
Andere schlau sein lassen	Visionen schaffen	Die Megawichtigen Ziele (MWZ) feststellen	Maßnahmen auf die Megawichtigen Ziele abstimmen	Dafür sorgen, dass die Systeme Ihre Mission stützen

Tag 26	Tag 27	Tag 28	Tag 29	Tag 30
Ergebnisse liefern	Erfolge feiern	Hochwertige Entscheidungen treffen	Durch Veränderungen führen	Besser werden

Maßnahmen auf die Megawichtigen Ziele abstimmen

Bringen die Bemühungen Ihrer Teammitglieder Sie Ihren Zielen näher? Wie können Sie ihnen das erleichtern?

n der vorigen Challenge ging es darum, mit Ihrem Team die Megawichtigen Ziele (MWZ) festzustellen und zu teilen. Diese Challenge fokussiert sich nun darauf, diese MWZ auch wirklich zu erreichen. Ziel ist es, die Maßnahmen aller zu bündeln, damit sie mit den MWZ in Einklang sind und ihnen dienen. Das wirft jedoch eine einfache Frage auf: Wissen Sie und Ihre Mitarbeiter, welche Maßnahmen (oder welche Verhaltensweisen) das sein sollten?

Wenn ein Ziel den MWZ-Status erhält, ist es von großer Bedeutung für das Überleben oder das Wachstum des Teams und der Organisation. Das bedeutet auch, dass nicht jedes Ziel, um dessen Erreichung Ihr Team sich bemüht, ein MWZ sein kann, denn das verwässert die Bedeutsamkeit und die Verpflichtung, einen erhöhten Level an Fokussierung, Zeit, Ressourcen und Aufmerksamkeit aufzuwenden. Auch diese Formel sollten Sie sich merken: Jedes Ziel ist ein MWZ = Sie sind ein Betrüger.

Sicher haben Sie schon die Redensart gehört (und vermutlich selbst benutzt): »Wahnsinn bedeutet, ein ums andere Mal dasselbe zu wiederholen und verschiedene Ergebnisse zu erwarten.« Ungeachtet der Tatsache, dass Albert Einstein das vermutlich nie gesagt hat, ist es trotzdem noch ganz schön bedeutsam. Für Führungskräfte bedeutet die Abstimmung auf MWZ, dass alle Beteiligten ihr Verhalten ändern müssen. Um Dr. Covey zu zitieren: »Leichter gesagt als getan«.

Maßgebliche Veränderungen erfolgen von innen nach außen. Sie müssen bei Ihnen als Führungskraft beginnen, mit der Verpflichtung zu und dann der Umsetzung von neuen Verhaltensweisen. Wenn Sie Ihr Verhalten ändern, sehen andere Ihr Engagement bei der Erreichung des MWZ. Sie können den Einsatz noch erhöhen, indem Sie zu Beginn eines neuen Ziels ankündigen, wie Sie Ihr Verhalten zu ändern beabsichtigen. Eine solche Strategie ist gleichermaßen riskant wie lohnend. Die Leute sehen hin. Und dann sehen sie genau hin. Das machen sie so lange, bis Sie das Verhalten so konsequent zeigen, dass es als der neue Standard akzeptiert wird; oder es fängt an, Sie zu langweilen, oder Sie geben aus sonst einem Grund auf und stehen als Heuchler da. Entscheiden Sie sich für eine Verhaltensänderung, die sich auf demselben Niveau bewegt wie diejenige, die Sie von Ihren Mitarbeitern erwarten, es sei denn, Ihre Position ist eher weiter entfernt oder sehr eng definiert. Ein Chief Marketing Officer wird sich auf einer ganz anderen Ebene auf ein MWZ einlassen als ein Digital Content Manager oder ein Social Media Director. Die Gemeinsamkeit besteht in einem neuen und besseren Verhalten, das jeder sehen kann.

Maßgebliche Veränderungen erfolgen von innen nach außen. Sie müssen bei Ihnen als Führungskraft beginnen, mit der Verpflichtung zu und dann der Umsetzung von neuen Verhaltensweisen. Wenn Sie Ihr Verhalten ändern, sehen andere Ihr Engagement bei der Erreichung des MWZ.

Um zusätzlich zu gewährleisten, dass Ihre Mitarbeiter die richtigen Maßnahmen auf die MWZ abgestimmt haben, überlegen Sie in einem Meeting, welche spezifischen Verhaltensweisen Sie voneinander brauchen. Das mag sich zunächst bevormundend anfühlen, aber wenn Sie die anderen einfach blindlings raten lassen, was sie tun sollen, werden Sie Ihrer Verantwortung als Vorgesetzter nicht gerecht. Selbst die reifsten und erfahrensten Personen brauchen vielleicht Hilfe, um zu verstehen, wie »neu« für sie aussieht. Wie man auf den Fluren unserer Organisation häufig hört: »Keine Mitwirkung, kein Einsatz«.

Im Folgenden ein paar konkrete Maßnahmen, um Ihr Handeln auf Ihre MZW abzustimmen (übernommen aus FranklinCoveys Bestseller *Die 4 Disziplinen der Umsetzung*):

- Bündeln Sie Ihre intensivsten Bemühungen auf das eine oder die zwei Ziele, die am meisten bewirken (statt sich um ein Dutzend Ziele nur mittelmäßig zu bemühen).
- Wählen Sie die Kämpfe aus, die den Krieg entscheiden. Es ist einfach, eine lange Liste mit To-do-Punkten zu erstellen,

die Ihre MWZ stützen. Fragen Sie sich lieber: »Was ist die geringstmögliche Anzahl von Kämpfen, um diesen Krieg zu gewinnen?« Richten Sie Ihre Aufmerksamkeit auf die entscheidenden Punkte, die Ihnen zum Sieg verhelfen.

- Legen Sie ein Veto ein, aber machen Sie keine Vorschriften. Lassen Sie Ihre Führungskräfte und Mitarbeiter die Maßnahmen definieren, die zur Erreichung der MWZ dienen. Ihre Aufgabe ist es, Klarheit zu schaffen; die Ihnen untergeordneten Führungskräfte sorgen für das Engagement (wenn Sie sie lassen).
- Sorgen Sie für eine Ziellinie in Form von *Von X zu Y bis dann und dann*. Um zu gewährleisten, dass Ihre Maßnahmen auf Ihre MWZ abgestimmt sind, brauchen Sie ein messbares Ergebnis und ein Datum, bis zu dem dieses Ergebnis vorliegen muss. Auch wenn wir dieses Konzept schon in einer früheren Challenge behandelt haben, lohnt es sich, es zu wiederholen – das zeigen sein nachweislicher Erfolg und seine Wirksamkeit bei den Kunden.

Die Führungskräfte, die ich bei der erfolgreichen Abstimmung ihres Handelns auf die MWZ beobachten konnte, haben nicht nur einfach einen neuen Motivationsanstoß herausposaunt – sie haben ihre Tages- und Wochenplanung grundlegend verändert, ebenso wie ihren Personal- und Ressourceneinsatz. Das daraus resultierende Wachstum in puncto persönlicher Reife, Geschäftssinn und Einfluss war bemerkenswert. Außerdem haben sie das befriedigende Gefühl, die unverzichtbaren Ziele erreicht zu haben. Und ist das nicht die Aufgabe eines jeden Vorgesetzten?

Maßnahmen auf die Megawichtigen Ziele abstimmen

- Überlegen Sie sich mit Ihrem Team konkrete Verhaltensweisen, die zur Erreichung der Megawichtigen Ziele beitragen.

- Um neue und andere Ergebnisse zu erzielen, muss wohl jeder etwas Neues lernen und etwas anders machen. Seien Sie mutig genug, Ihre Mitarbeiter nach neuen Verhaltensweisen zu fragen, die *Sie* ihrer Meinung nach zur Erreichung der MWZ an den Tag legen sollten. Das macht sie möglicherweise empfänglicher für Vorschläge, die Sie ihnen in Bezug auf ihr Verhalten machen.

- Gehen Sie durch Ihr eigenes neues und besseres Verhalten mit gutem Beispiel voran, und nutzen Sie es, um andere zu coachen, nicht zu demütigen.

- Sorgen Sie dafür, dass Teamplayer die Perspektive auf das große Ganze haben statt nur den kurzsichtigen Blick auf ihren eigenen Anteil.

Tag 1	Tag 2	Tag 3	Tag 4	Tag 5
Bescheidenheit demonstrieren	Den Überfluss denken	Zuerst zuhören	Die eigenen Absichten erklären	Verpflichtungen eingehen und halten

Tag 6	Tag 7	Tag 8	Tag 9	Tag 10
Das Klima selbst bestimmen	Vertrauen schenken	Vorbild für Work-Life-Balance sein	Die richtigen Leute an die richtige Stelle setzen	Sich Zeit nehmen für Beziehungspflege

Tag 11	Tag 12	Tag 13	Tag 14	Tag 15
Die eigenen Paradigmen überprüfen	Schwierige Gespräche führen	Tacheles reden	Mut und Rücksicht ins Gleichgewicht bringen	Loyalität zeigen

Tag 16	Tag 17	Tag 18	Tag 19	Tag 20
Ungestraft die Wahrheit sagen lassen	Fehler korrigieren	Kontinuierlich coachen	Das Team vor Druck schützen	Regelmäßig Einzelgespräche führen

Tag 21	Tag 22	Tag 23	Tag 24	Tag 25
Andere schlau sein lassen	Visionen schaffen	Die Megawichtigen Ziele (MWZ) feststellen	Maßnahmen auf die Megawichtigen Ziele abstimmen	Dafür sorgen, dass die Systeme Ihre Mission stützen

Tag 26	Tag 27	Tag 28	Tag 29	Tag 30
Ergebnisse liefern	Erfolge feiern	Hochwertige Entscheidungen treffen	Durch Veränderungen führen	Besser werden

Dafür sorgen, dass die Systeme Ihre Mission stützen

Erfolgreiche Vorgesetzte schaffen Systeme, die das Erreichen von Resultaten einfacher machen. Wann haben Sie zum letzten Mal eine »Systemprüfung« vorgenommen?

Haben Sie schon mal die unabhängige, bewusste Entscheidung getroffen, nicht länger Ihre derzeitige Zahnpasta zu verwenden und zu einer anderen Marke zu wechseln? Ich rede von einer Entscheidung, die Sie ganz allein getroffen haben – nicht beeinflusst durch Marketing, Werbung, Empfehlungen von Freunden, Gutscheine oder Gratispröbchen vom Zahnarzt. Wahrscheinlich nicht. Und das liegt vermutlich an der menschlichen Natur; wir halten uns bei den einfachen Dingen an feste Muster, damit unser Gehirn sich mit wichtigeren Angelegenheiten auseinandersetzen kann. Ich bin kein Neurowissenschaftler, aber stolzer Besitzer eines Gehirns, und mir kommt das sinnvoll vor.

So ähnlich läuft das auch in Organisationen. Wir machen es uns in akzeptablen Mustern bequem, besonders in den Geschäftsbereichen, die gut zu laufen scheinen. »Gut genug« wird zu »Besser nichts verändern«. Oft lassen wir die Systeme einfach ihr Ding machen, selbst wenn sie nicht perfekt auf unsere Mission und unsere Ziele abgestimmt sind. Oder wir meckern, was heißt, dass die Betriebsabteilung zum Unternehmenssündenbock wird. Die ganzen Mechanismen eines Systems sind nie so simpel, wie die Meckerer (also Sie und ich) sich das vorstellen. Zur Illustration: Wenn meine Frau und ich irgendeinem System oder Prozess begegnen, den wir nicht verstehen, sagt sie: »Warum machen die das nicht einfach *so*?« Zu ihrer immensen Frustration antworte ich dann im Allgemeinen: »Sie haben bestimmt ihre Gründe dafür. Es verbirgt sich immer eine Menge im Hintergrund.« Es erweist sich, dass wir selten, wenn überhaupt jemals, alle Fakten kennen – selbst nachdem wir die Fakten zusammengetragen haben.

Systeme sind von Natur aus kompliziert, sogar in kleinen Organisationen. Sie sind ein notwendiges Übel, so wie Brokkoli (ohne Käsesauce). Nervig, aber notwendig.

Für Organisationssysteme sind alle mitverantwortlich. Nicht nur, um darüber zu meckern, sondern um sie zu verstehen, zu stützen und mit zu verbessern. Wenn ich zum Beispiel finde, dass der Preis eines Zulieferers zu hoch ist, habe ich die Führungsverantwortung, die aktuelle Strategie zu verstehen. Unter der Annahme guter Absichten des Systemeigentümers kann ich dann eine Besprechung ansetzen, wenn ich immer noch Bedenken habe. Mein Rat lautet, solche Besprechungen sorgsam auszuwählen und darauf vorbereitet zu sein, dass Sie eine Menge Fakten erfahren, die Sie vorher nicht kannten. Wenn ich solche Meetings angesetzt habe, erfuhr ich am Ende unweigerlich etwas, das meine brillante Lösungsidee hinfällig machte. Aber ich verließ sie mit mehr Wertschätzung dafür, *warum* das System existierte, und konnte das auch meinem Team vermitteln. Mein besseres Verständnis ermöglichte es dem Team, die Situation zu akzeptieren (und in Zukunft sorgsamer zu entscheiden, wogegen wir ankämpfen).

Natürlich hinterfrage ich unsere Prozesse und versuche sie zu verbessern, wo immer ich kann. Das ist die Pflicht jeder Führungskraft: Verändere oder stirb. Verbessere deine Systeme kontinuierlich, oder du wirst abgehängt. Die bittere Wahrheit ist, dass einige Systeme und Prozesse alles auszubremsen scheinen. Welcher geistig gesunde Mensch sollte ein System gestalten, das etwas ausbremst? (Mit Ausnahme des brillanten Kopfes, der den Crock-Pot erfunden hat – danke für meinen acht Stunden geschmorten Schweinerostbraten mit Orangenglasur an Wintersonntagen.)

Denken Sie mal in Bezug auf Ihr eigenes Team darüber nach – stützen Ihre Systeme Ihre Mission? Haben Sie die Geduld und die Sorgfalt aufgewendet zu verstehen, wie Ihre Systeme auf Ihre Strategien, Ihre MWZ und Ihre Kundenbedürfnisse abgestimmt sind oder eben nicht? Was ist mit den Bedürfnissen Ihrer Mitarbeiter? Beantworten Sie sich die folgenden Systemabstimmungsfragen:

- Machen die richtigen Leute mit den richtigen Fähigkeiten die richtige Arbeit?
- Sind die Positionen und Verantwortlichkeiten richtig verteilt, damit die Leute gut zusammenarbeiten können?
- Werden die Leute auf die richtige Weise anerkannt und belohnt?

- Stehen die richtigen Ressourcen zur Verfügung, um erfolgreich zu sein?
- Werden die richtigen Entscheidungen von denjenigen Personen getroffen, die am nächsten dran sind?
- Haben wir die richtigen Prozesse eingerichtet, um die wichtigste Arbeit erledigen zu können?

Colleen Dom, Chief Operation Officer von FranklinCovey, beschreibt die Rolle ihres Teams mit diesen Worten: »Wir legen nicht die Unternehmensstrategie fest. Vielmehr verstehen wir die Strategie und schaffen ein System, um ihre Umsetzung zu ermöglichen. Wir wollen sicherstellen, dass wir nicht die Geschäftsverhinderungsabteilung sind.«

Ich bewundere es, wie Colleen und ihr Team mit Feingefühl vier verschiedene systemische Spannungsbereiche managen, die unsere Maschine so sparsam und schnell wie möglich laufen lassen:

- Unsere Kunden dabei unterstützen, ihre Ziele zu erreichen, indem sie unsere Lösungen mühelos und erschwinglich übernehmen und umsetzen.
- Unsere Kollegen aus Verkauf und Vertrieb so unterstützen, dass sie das oben Genannte schaffen, ihren Lebensunterhalt verdienen und für unser Unternehmen engagiert bleiben können.
- Das Unternehmen und unser geistiges Eigentum, unsere Marke und unseren Ruf schützen.
- Den Umsatz erhöhen und Gewinne für unsere Shareholder erzielen.

Auch wenn Sie wahrscheinlich keine direkte Kontrolle über all die Systeme und Prozesse haben, mit denen Sie arbeiten, reicht es nicht aus, sie einfach gedankenlos als Status quo hinzunehmen. Ihre Aufgabe ist es, die Grundprinzipen und die Nuancen jedes Systems zu erfassen, das nicht auf Ihre Mission und Zielsetzung abgestimmt zu sein scheint, und eine Verbesserung anzustoßen (oder, wenn es in Ihre Zuständigkeit fällt, zu bewirken).

Es ist zwar unwahrscheinlich, dass Ihre Unternehmensmission sich ändert, aber sehr wahrscheinlich, dass Ihre Systeme das tun. Daher kann es notwendig sein, von Zeit zu Zeit einzuschätzen, ob beides noch aufeinander abgestimmt ist.

> Das ist die Pflicht jeder Führungskraft: Verändere oder stirb. Verbessere deine Systeme kontinuierlich, oder du wirst abgehängt.

Effizienzverbesserungen, neue Regelwerke, Redundanzverringerungen und so weiter dienen im Allgemeinen einer höheren Profitabilität und Einfachheit. Sie sollten nur sichergehen, dass diese Veränderungen nicht Ihre Kapazitäten schmälern oder Ihrem ultimativen Ziel zur Erreichung Ihrer Mission im Wege stehen.

Wer weiß, vielleicht fangen Sie sogar an, Brokkoli zu mögen (besonders mit den richtigen Unterstützungssystemen: Zitronensaft, Käsesauce, Salz und ein Glas Kakao zum Runterspülen).

VOM MUFFEL ZUR LEGENDE

Dafür sorgen, dass die Systeme Ihre Mission stützen

- Überlegen Sie, wie bestehende Systeme Ihre Unternehmensmission, Ihre Kunden, Ihre Verkaufsmannschaft, Ihre Marke, Ihren Ruf, Ihre Produktentwicklung und andere vitale Funktionen stützen.

- Identifizieren Sie ein System, das verbessert oder verschlankt werden könnte und dadurch überproportionale Vorteile für verschiedenste Stakeholder mit sich brächte.

- Schauen Sie sich die Aspekte jenes Systems genauer an, das nicht gut abgestimmt oder übermäßig mühsam erscheint. Wenden Sie große Sorgfalt an, um die Feinheiten unter der Oberfläche zu verstehen.

Tag 1	Tag 2	Tag 3	Tag 4	Tag 5
Bescheiden-heit demonstrieren	Den Überfluss denken	Zuerst zuhören	Die eigenen Absichten erklären	Verpflichtungen eingehen und halten

Tag 6	Tag 7	Tag 8	Tag 9	Tag 10
Das Klima selbst bestimmen	Vertrauen schenken	Vorbild für Work-Life-Balance sein	Die richtigen Leute an die richtige Stelle setzen	Sich Zeit nehmen für Beziehungspflege

Tag 11	Tag 12	Tag 13	Tag 14	Tag 15
Die eigenen Paradigmen überprüfen	Schwierige Gespräche führen	Tacheles reden	Mut und Rücksicht ins Gleichgewicht bringen	Loyalität zeigen

Tag 16	Tag 17	Tag 18	Tag 19	Tag 20
Ungestraft die Wahrheit sagen lassen	Fehler korrigieren	Kontinuierlich coachen	Das Team vor Druck schützen	Regelmäßig Einzelgespräche führen

Tag 21	Tag 22	Tag 23	Tag 24	Tag 25
Andere schlau sein lassen	Visionen schaffen	Die Megawichtigen Ziele (MWZ) feststellen	Maßnahmen auf die Megawichtigen Ziele abstimmen	Dafür sorgen, dass die Systeme Ihre Mission stützen

Tag 26	Tag 27	Tag 28	Tag 29	Tag 30
Ergebnisse liefern	Erfolge feiern	Hochwertige Entscheidungen treffen	Durch Veränderungen führen	Besser werden

Ergebnisse liefern

Liefern Sie und Ihr Team
Aktivitäten anstelle von
Ergebnissen? Sind die Ergebnisse
die richtigen?

Um vom Muffel zur Legende zu werden, brauchen Sie oft einen Vorgesetzten, der Sie unterstützt und coacht. Ich habe sehr von einem CEO profitiert, der mich in einem Bereich beeinflusste, in dem ich ein besonderer Muffel war: meinem Fokus. Nicht, dass ich *nicht* auf die Arbeit und das Erledigen von Dingen fokussiert wäre (ganz im Gegenteil); es geht eher darum, was passiert, wenn ich die Dinge durchführe, auf die ich fokussiert bin. Ich glaube, der CEO würde es so ausdrücken: »Scott kriegt alles hin, aber das ist nicht immer gut.«

Augenblick mal! Sie denken jetzt sicher: *Wieso soll das denn nicht gut sein, alles hinzukriegen?* Also, es ist so: Da ich Einfluss habe, die Organisation in- und auswendig kenne und Zugang zu Ressourcen habe, kann ich die Zeit und die Aufmerksamkeit vieler Leute ganz leicht auf »B« lenken, während »A« in Wirklichkeit für die Organisation viel wichtiger ist. Tatsache ist, es reicht nicht aus, Ergebnisse zu liefern; Führungskräfte müssen die *richtigen* Ergebnisse auf die *richtige* Art und Weise liefern. »Richtige Ergebnisse« heißt: Was Sie erreichen, hat für die Organisation die richtige Priorität. Dazu müssen Sie ständig Feinabstimmungen vornehmen und Rücksprache mit Ihrem Vorgesetzten halten, um sicherzugehen, dass Ihre Arbeit auf die Bedürfnisse Ihrer Organisation ausgerichtet ist. Und »richtige Art und Weise« heißt, diese Resultate so zu erzielen, dass Ihr Team nicht ausbrennt, geschädigt oder demotiviert wird. Beim Führen geht es nicht nur darum, den aktuellen Marathon zu laufen, sondern es geht um diesen und die nächsten 30 Marathonläufe und was danach kommt.

> Ich habe sehr von einem CEO profitiert, der mich in einem Bereich beeinflusste, in dem ich ein besonderer Muffel war: meinem Fokus. Nicht, dass ich nicht auf die Arbeit und das Erledigen von Dingen fokussiert wäre (ganz im Gegenteil); es geht eher darum, was passiert, wenn ich die Dinge durchführe, auf die ich fokussiert bin. Ich glaube, der CEO würde es so ausdrücken: »Scott kriegt alles hin, aber das ist nicht immer gut.«

Aus dem Pferderennsport können wir einiges lernen. Niemand wird bestreiten, dass es beim Pferderennen um Ergebnisse geht. Es ist eine einzigartige Partnerschaft zwischen Pferdebesitzer, Trainer, Jockey und Pferd, die alle gemeinsam daran arbeiten, Rennen zu gewinnen. Was Sie aber nicht erleben werden, ist ein professioneller Jockey, der ein verletztes Pferd weiterreitet. Es ist ein bemerkenswertes Zeichen von Respekt und Zuneigung: Jockeys springen in einem wichtigen Rennen mittendrin ab, um das Pferd zum Stehen zu bringen und seine Beine vor weiteren Schäden zu schützen. Die *Toronto Sun* hat es so formuliert: »Die oberste Aufgabe eines Jockeys ist zu gewährleisten, dass das Pferd unter ihm sicher und vernünftig laufen kann. Und dann, wenn das Pferd dazu in der Lage ist, versucht er, das Rennen zu gewinnen (…). Aber wenn ein Jockey spürt, dass etwas nicht stimmt, bricht er die Mission ab, egal unter welchen Umständen.« Der Verfasser bezog sich auf ein Rennen von 2015, als Mike Smith mitten im mit 1,5 Millionen Dollar dotierten Charles Town Classic sein Pferd Shared Belief anhielt.[22] Kein Zweifel, dieses mit viel Geld verbundene Rennen zu gewinnen war wichtig für die Eigentümer von Shared Belief. Aber sie begriffen auch, dass Ergebnisse zu erzielen auch hieß, künftige Rennen zu gewinnen und nicht nur das unmittelbar vor ihnen liegende. Um das Konzept noch einen Schritt weiter zu führen: Jeder, der mit dem Pferd zu tun hat, weiß, wenn das Pferd eine Verletzung hat, die es ihm unmöglich macht, künftige Rennen zu laufen, wird es für die Zucht eingesetzt (keine unhaltbare Alternative). Ist die Verletzung so schwer, dass das Pferd nicht mehr stehen oder laufen kann, müssen sie es möglicherweise einschläfern lassen (eine tragische Alternative).

Es ist schlimm, dass viele Führungskräfte nicht genügend Gespür haben, um ihre verletzten oder ins Straucheln geratenen Teams mit derselben Fürsorge zu behandeln, wie Jockeys das mit ihren verletzten oder strauchelnden Rennpferden tun.

Verlagern wir nun mal unseren Fokus und betrachten wir nicht mehr, wie Vorgesetzte ihre Teams behandeln, sondern wie sie die richtigen Ergebnisse erzielen. Wie steht es mit Ihrem Ruf in Sachen Ergebnissen? Frei nach Henry Ford: »Niemand hat sich jemals damit einen Ruf erworben zu sagen, was er tun würde.« Es sei denn, einen Ruf für *nicht gehaltene* Versprechen. Das erinnert mich an einen alten Western, wo ein Revolverheld auf einen Cowboy an der Theke zutrat. Der Cowboy wandte sich mit seinem Drink in der Hand zu dem Revolverhelden um und sagte: »Sie wollen doch wohl keinen unbewaffneten Mann erschießen? Denken Sie nur an Ihren Ruf.« Der Revolverheld antwortete ohne das geringste Zögern: »Tja, das *ist* aber mein Ruf.«

Wenn Sie Führungskraft sind, haben Sie bereits einen Ruf für das Erbringen von Resultaten. Die Frage ist nur, welchen. Häufig machen Führungskräfte den Fehler, Aktivitäten mit Ergebnissen zu verwechseln. Tatsächlich war es jahrzehntelang ein begehrter Status, als »viel beschäftigt« bekannt zu sein. Die Tendenz ging dahin, »beschäftigt« mit »produktiv« gleichzusetzen. Emsige Arbeiter waren gefragt; sie schöpften Wert. Multitasking war in Mode und wurde oft als regelrechte Fähigkeit angesehen.

Im Jahr 2002 veröffentlichte das *Harvard Business Review* eine »Warnung vor dem viel beschäftigten Manager«. Der Artikel erklärte, Führungskräfte würden einen Preis für übermäßige Emsigkeit bezahlen. Die Autoren fanden heraus, dass 90 Prozent der Manager ihre Zeit vergeudeten, während nur 10 Prozent ihre Zeit produktiv, engagiert und reflektiert zubrachten.[23]

Heute ist die Gleichsetzung von »beschäftigt« mit »produktiv« in allen außer den überholtesten Kulturen widerlegt. Beschäftigtsein ist jetzt erklärtermaßen uncool. FranklinCovey hat sogar einen Animationsfilm mit dem Titel *Busy, Busy, Busy* produziert, der Bestandteil der Schulung *The 7 Habits for Managers*® ist. Er erzählt die Geschichte einiger Zeichentrick-Hühner, die metaphorisch mit abgehackten Köpfen herumrennen und eine wahnwitzige Betriebsamkeit an den Tag legen – so sehr, dass tatsächlich das gesamte Eier erzeugende Unternehmen wegen Erschöpfung zusammenbricht. So zwischen 1997 und 2014 hätten sie die Haupt-

und sämtliche Nebenrollen auch mit mir besetzen und den Film *Ein Tag im Leben von Scott Miller* nennen können. Ich verspreche Ihnen, wenn Sie sich das Video ansehen, erschließen sich Ihnen nicht nur die Zusammenhänge, sondern die Titelmelodie wird Ihnen auch nie wieder aus dem Kopf gehen. Auf ManagementMess. com können Sie sich damit unterhalten lassen.

Wenn Führungskräfte Resultate liefern wollen, müssen sie die Überzeugung ablegen, dass Aktivität dasselbe ist wie Ergebnisse. Sie müssen die *richtigen* Resultate liefern, indem sie ihre Arbeit auf die Mission und die Ziele der Organisation abstimmen. Solche Vorgesetzten führen ihre Mitarbeiter mit Sorgfalt und Bedacht, damit sie Resultate auf die *richtige* Weise erzielen. Sie achten auf die Gesundheit und das Wohlergehen ihrer Beschäftigten, damit sie nicht nur das augenblickliche Rennen gewinnen, sondern auch die zahllosen künftigen. Und wer weiß, vielleicht muss der viel beschäftigte CEO dann nicht seine Zeit opfern, um Ihnen in die Zügel zu greifen (das Reiterwortspiel ist gewollt).

Ergebnisse liefern

- Haben Sie mal überprüft, ob die von Ihnen erzielten Resultate dieselben sind, die Ihr Vorgesetzter erwartet? Es ist toll, mit zusätzlichen Projekten mehr als das Verlangte zu schaffen, aber das darf nicht auf Kosten Ihrer Kernverantwortlichkeiten oder der Geschäftsziele gehen.

- Ergreifen Sie die Initiative, und halten Sie proaktiv Rücksprache mit Ihrem Vorgesetzten, um sicherzustellen, dass Sie auf die richtigen Prioritäten eingestellt und konzentriert sind. Ziele verändern sich, und vielleicht bekommen Sie das nicht immer in Echtzeit mit.

- Zögern Sie nicht, sich eine realistische Einschätzung Ihrer Leistungen geben zu lassen. Gehen Sie nicht davon aus, dass Ihre Ergebnisse für sich sprechen; möglicherweise müssen Sie sie besonders hervorheben oder den Kurs korrigieren, je nachdem, welches Feedback Sie erhalten.

- Überlegen Sie gut, wie viel Druck Sie auf Ihre Mitarbeiter ausüben, um sicherzustellen, Resultate jetzt so zu erzielen, dass Sie sie auch in Zukunft wieder erzielen können.

- Vergessen Sie nicht, ergebnisorientiert zu coachen statt aktivitätsorientiert.

Tag 1	Tag 2	Tag 3	Tag 4	Tag 5
Bescheiden-heit demons-trieren	Den Überfluss denken	Zuerst zuhören	Die eigenen Absichten erklären	Verpflich-tungen eingehen und halten

Tag 6	Tag 7	Tag 8	Tag 9	Tag 10
Das Klima selbst bestimmen	Vertrauen schenken	Vorbild für Work-Life-Balance sein	Die richtigen Leute an die richtige Stelle setzen	Sich Zeit nehmen für Beziehungs-pflege

Tag 11	Tag 12	Tag 13	Tag 14	Tag 15
Die eigenen Paradigmen überprüfen	Schwierige Gespräche führen	Tacheles reden	Mut und Rücksicht ins Gleich-gewicht bringen	Loyalität zeigen

Tag 16	Tag 17	Tag 18	Tag 19	Tag 20
Ungestraft die Wahrheit sagen lassen	Fehler korrigieren	Kontinuier-lich coachen	Das Team vor Druck schützen	Regelmäßig Einzel-gespräche führen

Tag 21	Tag 22	Tag 23	Tag 24	Tag 25
Andere schlau sein lassen	Visionen schaffen	Die Mega-wichtigen Ziele (MWZ) feststellen	Maßnahmen auf die Megawich-tigen Ziele abstimmen	Dafür sorgen, dass die Systeme Ihre Mission stützen

Tag 26	Tag 27	Tag 28	Tag 29	Tag 30
Ergebnisse liefern	Erfolge feiern	Hochwertige Entscheidun-gen treffen	Durch Ver-änderungen führen	Besser werden

Erfolge feiern

Verbringen Sie ebenso viel
Zeit damit, das Erreichen
von Zielen zu feiern, wie sie
festzulegen?

Kürzlich hatte ich eine Idee, wie ich einen großen Erfolg groß feiern könnte. Ich leitete eine Besprechung mit mehreren Business-Führungskräften aus der ganzen Welt – *sehr* erfolgreichen Menschen, von denen viele schon vor ihrer Beschäftigung als Repräsentanten von FranklinCovey-Lösungen in ihren jeweiligen Heimatländern bewundernswerte Karrieren gemacht hatten.

Mein Ziel war es, die Erfolge zu feiern, die sie beim Aufbau ihrer Interessenten-Datenbanken gemacht hatten, und gleichzeitig einen Quantensprung bei der Anzahl von Personen zu erzeugen, die sie zu ihrer Zielgruppe hinzufügen konnten. Ich wollte also ihre aktuellen Erfolge feiern und eine Vision dessen vermitteln, was möglich war.

Habe ich also so eine Sache mit schwarzen Krawatten und einem Bach-Quintett geplant? Nein. Teure Weine und Käse? Nein. Ich ließ die Belegschaft drei Konfettikanonen herbeirollen, während ich im Rahmen der intimen Zusammenkunft Statistiken über die potenziellen Interessenten in jedem Land präsentierte: ein paar Hunderttausend hier, eine Million dort, insgesamt 28 Millionen potenzielle Interessenten verteilt auf unsere gemeinsamen Datenbanken. Das ist eine beeindruckende Zahl, wenn man darüber redet. Und noch beeindruckender ist es, wenn man sie erlebt. Auf Kommando wurden die Kanonen gezündet. Plötzlich war die Luft erfüllt von 28 Millionen Konfettischnipseln.

Die ansonsten äußerst seriösen Führungskräfte sprangen von ihren Stühlen hoch, viele holten ihre Handys heraus und hielten das Ganze im Video fest, während andere anfingen, lachend zu der im Hintergrund abgespielten passenden Musik zu tanzen. Ich ließ sogar Schirme verteilen, während der Konfettiregen weiterging. (Hiermit entschuldige ich mich beim Reinigungspersonal des Hotels, das wahrscheinlich bis heute meinen Namen verflucht.) Auf www.ManagementMess.com können Sie sich an Videos dieser Feier erfreuen.

Sicher, Scott, ist ja toll, wenn du das Budget für Kanonen und Konfetti hast, sagen Sie jetzt vielleicht, *aber ich habe das nicht.*

Ich weiß, was Sie meinen, aber eines ist wichtig: Das Budget sollte NIEMALS Ihre Fähigkeit einschränken, Erfolge zu feiern. Natürlich freuen sich die Menschen, wenn sie bei einer Feier kostenloses Essen oder Geschenke bekommen, aber ich verspreche Ihnen, wenn Sie die Zeit investieren, ihnen Anerkennung zu geben, hinterlassen Sie einen größeren, anhaltenderen Eindruck. Was würde Sie keinerlei Mittel kosten? Opfern Sie am Vorabend eine Stunde Zeit, und erstellen Sie eine Liste der jeweiligen Beiträge jedes Einzelnen zu einem großen Erfolg. Ich würde Ihnen sogar empfehlen, sie auswendig zu lernen. Am nächsten Tag gehen Sie dann damit von einem zum anderen. Ich kann Ihnen versichern, dass Ihre Mitarbeiter das wohl nie vergessen werden. Ich glaube so sehr an diese Vorgehensweise, dass ich mir sämtliche Namen, Gesichter und Hintergründe jedes einzelnen Teilnehmers an dem Probedinner vor unserer Hochzeit gemerkt habe. Ich ging im Raum herum, benannte jeden bei der Begrüßung und erzählte ein bisschen über ihn und was er für meine Verlobte und mich bedeutete. Das war sicherlich die (mit Abstand) preiswerteste Aktivität der Hochzeit. Aber dafür absolut unvergesslich.

Als Vorgesetzter sollten Sie daran denken, dass die Menschen gerne gewinnen, aber keine »falschen« Siege. Ihr Team will dafür arbeiten. Aber es will nicht, dass die Ziellinie verschoben wird, und keiner will sich auf dem Weg dorthin völlig verausgaben. Und wenn es geschafft ist, wollen alle den Sieg feiern. Was kann dem im Wege stehen? Zum einen Perfektionismus.

Perfektionisten stecken die Ziele absurd hoch und zerschmettern damit die Tatkraft und die Hoffnungen derjenigen, die zu ihrer Erreichung beisteuern sollen. Sie rekrutieren bereitwillige, kompetente Leute, ihnen bei etwas zu folgen, das ich als *Jagd nach dem Phantom* bezeichne. Wenn Sie glauben, Sie würden am Ende diesen Topf voller Gold gewinnen, sind Sie verrückt.

Wie die meisten Menschen wünsche ich mir Perfektion in meinem Leben – von meinem Automechaniker, meinem Aufzugmonteur, meinem Chirurgen und schließlich meinem Bestatter –, aber in einer Führungsposition muss dieser Wunsch gemäßigt sein. Falls Sie Perfektionist sind, definieren Sie, was »außergewöhnlich« bedeutet (nicht »perfekt«), und seien Sie stolz, wenn Sie und Ihr Team das erreichen. Vielleicht haben Sie das Gefühl, dass Sie einer unmöglichen Definition von Erfolg folgend nicht gewinnen, aber das heißt noch lange nicht, dass Sie wirklich nicht gewinnen.

Führungskräfte müssen zum anderen den Drang bekämpfen, auf genau die richtige »besondere Gelegenheit« zum Feiern zu warten. Damals, als die Leute noch Fernsehgeräte besaßen, die über hundert Pfund wogen, nur drei Kanäle und einen zur Antenne umfunktionierten Kleiderbügel hatten, trat in *Good Morning America* regelmäßig ein Gast namens Erma Bombeck auf. Sie war Ehefrau, Mutter, Journalistin und Wahrsagerin. Sie war zauberhaft, und noch heute gehören ihre Bücher zu meiner Lieblingslektüre. (Unbedingt lesenswert sind *The Grass Is Always Greener Over the Septic Tank* und *When You Look Like Your Passport Photo, It's Time to Go Home.*) Eine der unvergesslichsten Erinnerungen an Erma war eine Anekdote, in der es um unsere Tendenz ging, das gute Porzellan, unsere Andenken, Fotoalben und so weiter aufzubewahren, in Ehren zu halten und niemals zu benutzen. Weise gab sie zu: »Ich hätte die rosa Kerze in Form einer Rosenblüte anzünden sollen, ehe sie im Schrank zerfloss.«[24]

Erma inspirierte mich dazu, alles zu verbrauchen und zu genießen, was ich besitze. Zum Beispiel hat mein Schwiegervater mir neulich eine erlesene Flasche Champagner aus seiner Sammlung geschenkt. Daran hing ein Zettel, sie »für einen ganz besonderen Tag« aufzusparen. In der Woche darauf verkaufte er eine schon seit Langem angebotene Immobilie, also ließ ich den Korken knallen. Das ärgerte meinen Schwiegervater, aber ich brauche Dinge mit Genuss bei jeder Gelegenheit auf.

Welche schwindenden Ressourcen haben Sie als Vorgesetzter? Mein Rat ist es, die rosenblütenförmige Kerze anzuzünden. Sparen Sie das Feiern von Erfolgen nicht für »ganz besondere Tage« auf. Allerdings sollen Sie natürlich auch nicht jede Errungenschaft feiern, denn dann verlieren Sie an Glaubwürdigkeit, und es gibt nichts Bemerkenswertes mehr. Suchen Sie nach legitimen Gründen zum Feiern, und seien Sie großzügig mit ihren »Sachen«. Wenn Sie ein frei verfügbares Budget haben, schöpfen Sie es aus. Und was am wichtigsten ist, nutzen Sie die Ihnen zur Verfügung stehende Zeit aus, um sie in die Anerkennung der Erfolge Ihres Teams zu investieren. Und falls Sie Konfettikanonen haben, die funktionieren auch hervorragend.

VOM MUFFEL ZUR LEGENDE

Erfolge feiern

- Ergründen Sie die in Ihrer Kultur herrschende Feierbereitschaft: Ist sie ausreichend? Nicht ausreichend? Zu groß?

- Schätzen Sie ein, inwieweit Ihre Mitarbeiter tatsächlich fähig sind zu »gewinnen«. Sind Ihre Ziele so ambitioniert, dass sie den gegenteiligen Effekt haben und den Tatendrang der Leute ausbremsen?

- Planen Sie die nächste Feier Ihres Teams:

    - Welche Beiträge sollten anerkannt werden?
    - Skizzieren Sie, was Sie über jeden einzelnen Mitarbeiter sagen wollen. Seien Sie konkret.

- Suchen Sie nach einer angemessenen Belohnung. Passen Sie sie an die Präferenzen des Empfängers und die Reichweite des Projekts an.

Tag 1	Tag 2	Tag 3	Tag 4	Tag 5
Bescheiden-heit demons-trieren	Den Überfluss denken	Zuerst zuhören	Die eigenen Absichten erklären	Verpflich-tungen eingehen und halten

Tag 6	Tag 7	Tag 8	Tag 9	Tag 10
Das Klima selbst bestimmen	Vertrauen schenken	Vorbild für Work-Life-Balance sein	Die richtigen Leute an die richtige Stelle setzen	Sich Zeit nehmen für Beziehungs-pflege

Tag 11	Tag 12	Tag 13	Tag 14	Tag 15
Die eigenen Paradigmen überprüfen	Schwierige Gespräche führen	Tacheles reden	Mut und Rücksicht ins Gleich-gewicht bringen	Loyalität zeigen

Tag 16	Tag 17	Tag 18	Tag 19	Tag 20
Ungestraft die Wahrheit sagen lassen	Fehler korrigieren	Kontinuier-lich coachen	Das Team vor Druck schützen	Regelmäßig Einzel-gespräche führen

Tag 21	Tag 22	Tag 23	Tag 24	Tag 25
Andere schlau sein lassen	Visionen schaffen	Die Mega-wichtigen Ziele (MWZ) feststellen	Maßnahmen auf die Megawich-tigen Ziele abstimmen	Dafür sorgen, dass die Systeme Ihre Mission stützen

Tag 26	Tag 27	Tag 28	Tag 29	Tag 30
Ergebnisse liefern	Erfolge feiern	Hochwertige Entscheidun-gen treffen	Durch Ver-änderungen führen	Besser werden

Hochwertige Entscheidungen treffen

Widmen Sie Ihre Zeit denjenigen Aktivitäten, welche die wirkungsvollsten Ergebnisse für die Organisation und die Mission Ihres Teams hervorbringen?

hre Reputation als Führungskraft ist im Wesentlichen die Summe Ihrer kollektiven Entscheidungen. Grundsätzlich werden Sie dafür bezahlt, dass Sie entscheiden – so einfach ist das. Sie treffen wahrscheinlich allwöchentlich Hunderte Entscheidungen, manche unbedeutend, andere so weitreichend, dass sie den Kurs Ihrer gesamten Organisation verändern könnten. Führungskräfte entscheiden,

- wer eingestellt und wer entlassen werden soll;
- was vorrangig verfolgt und was verworfen wird;
- was gefeiert und was ignoriert wird;
- was finanziell gefördert wird und wofür es keine Mittel gibt.

Wer solche Entscheidungen fällt, trägt eine Menge Verantwortung. Ich habe schon erlebt, dass sehr kompetente, geachtete Menschen mit bewundernswerter Arbeitsmoral und tadellosem Charakter Entscheidungen getroffen haben, die ihre Organisationen Millionen verschwendeter Dollar gekostet und ihre Karrieren irreparabel geschädigt haben. Zu Beginn meiner Laufbahn hatte ich ähnliche Schwierigkeiten. Ich habe zwar keine Millionen verschwendet, aber ich bin mir sicher, dass mein Ruf einen Schaden erlitten hat.

Nach einer erfolgreichen Amtszeit als Leiter der größten Verkaufsregion des Unternehmens in Chicago nahm ich eine Stelle in der Hauptniederlassung in Salt Lake City an. Wenn man als Verkaufsleiter Feedback bekommt, ist es ein schnelles und niemals ein falsches – entweder haben Sie die Zahlen erreicht oder nicht. Als ich in meinem neuen Büro in Utah eintraf, war ich ein Angeber mit aufgeblasenem Ego, der glaubte, nichts falsch machen zu können. Wer würde nicht voller Begeisterung mit einem solchen Management-Muffel zusammenarbeiten wollen, was?

Zu meiner neuen Position gehörte es, den Moderatorenkanal für die Organisation zu erweitern – keine Umsatzbilanzen mehr mit meinem Namen darauf. Da ich der Erste war, der diese Stelle bekleidete, gab es keine zurückliegenden Misserfolge oder Erfolge, an denen ich gemessen werden konnte. Das war eine »Blue Ocean«-Gelegenheit, wie ich sie in meiner Karriere noch nicht erlebt hatte. Jeder Arbeitstag bot eine Fülle von Chancen und stieß unzählige mögliche Entscheidungen an. Mein Büro war nur ein paar Türen von dem des CEO entfernt, und vor mir lag unbekanntes Territorium, das nur darauf wartete, von mir erforscht und erschlossen zu werden. Das Ganze hätte eine lorbeerbekränzte, gloriensscheingekrönte Erfahrung sein können.

War es aber nicht.

Ohne das konstante Feedback und den Druck von Umsatzzielen fiel es mir schwer, Prioritäten zu setzen. Ich konzentrierte mich auf Projekte, die *mir* ein gutes Gefühl verschafften und meine eigenen Vorstellungen dessen bestätigten, was geschafft

Hochwertige Entscheidungen sind für mich diejenigen Aktivitäten, die überdurchschnittlich zur Erfüllung der Mission, der Vision und der MWZ einer Organisation beisteuern. Sie können kundenorientiert sein, kostenorientiert, leistungsorientiert, innovationsorientiert – die Möglichkeiten sind unbegrenzt. Und genau darin liegt die Herausforderung. Wenn Sie in dieser Hinsicht vom Muffel zur Legende werden wollen, beurteilen Sie, wie Sie Ihre Zeit verbringen, selbst auf Tages- oder Stundenbasis. Fragen Sie sich: »Bringt uns das, was ich gerade tue oder als Nächstes tun werde, unserer Mission und Vision oder unseren Megawichtigen Zielen näher?«

werden musste, die aber für das Unternehmen wohl nicht von größtem Wert waren. Man kann nicht sagen, dass ich Ressourcen verschwendete oder irrelevant war – ich arbeitete härter als je zuvor. Aber was ich tat, hätte der CEO nicht als wichtigste Aufgaben betrachtet. Ohne den Vorteil der soliden gegenseitigen Zusammenarbeit, an die ich in Chicago gewöhnt gewesen war, traf ich viele Entscheidungen allein, und nur wenige davon würde ich als hochwertig einstufen.

Hochwertige Entscheidungen sind für mich diejenigen Aktivitäten, die überdurchschnittlich zur Erfüllung der Mission, der Vision und der MWZ einer Organisation beitragen. Sie können kundenorientiert sein, kostenorientiert, leistungsorientiert, innovationsorientiert – die Möglichkeiten sind unbegrenzt. Und genau darin liegt die Herausforderung. Wenn Sie in dieser Hinsicht vom Muffel zur Legende werden wollen, beurteilen Sie, wie Sie Ihre Zeit verbringen, selbst auf Tages- oder Stundenbasis. Fragen Sie sich: »Bringt uns das, was ich gerade tue oder als Nächstes tun werde, unserer Mission und Vision oder unseren Megawichtigen Zielen näher?« In *Die 5 Entscheidungen: Prinzipien für außergewöhnliche Produktivität* schreiben die Autoren, dass hochwertige Entscheidungen so entstehen:

- Arbeit am Wichtigen, nicht am Dringenden – Streben nach dem Außergewöhnlichen, nicht dem Gewöhnlichen.
- Die Aufmerksamkeit auf die richtigen Dinge lenken – wie Führungskräfte ihre Zeit priorisieren und managen.
- Über nachhaltige Energiereserven verfügen. Führungskräfte, die ausbrennen und ihre Energie nicht erneuern, haben nicht die Kapazitäten, um hochwertige Entscheidungen zu erkennen und umzusetzen.

Außerdem habe ich festgestellt, dass man sich, um hochwertige Entscheidungen treffen zu können, zunächst mal zugestehen muss, nicht unbedingt auf alles eine Antwort zu haben. Bauen Sie mit Ihrem Vorgesetzten ein Vertrauensverhältnis auf, damit Sie ihm mitteilen können, woran Sie gerade arbeiten, und er Ihnen Anregungen geben kann, wie Sie Ihre Zeit organisieren und nach Prioritäten einteilen sollen. Aus meinen Erfahrungen mit hochwertigen Entscheidungen habe ich drei Lektionen gelernt:

- Fokus. Die Fülle an Möglichkeiten verlockt dazu, sich denjenigen zu widmen, die nicht den Hochwertigkeitskriterien entsprechen. Die Tatsache, dass ich in 190 Länder fliegen *könnte*, heißt nicht, dass ich das tun *sollte*. Mit einem besseren Fokus hätte ich meine Zeit besser nutzen können.

- Machen Sie nicht alles allein. Wenn Sie sich festgefahren haben, sich entmächtigt fühlen oder sich einfach nicht zwischen zwei verlockenden, aber nicht vereinbaren Optionen entscheiden können, holen Sie sich Hilfe. Teilen Sie einem Vorgesetzten Ihre Ideen mit, und bitten Sie um Anleitung. Die Frage »Wie setze ich meine Zeit, meine Talente und mein Budget am besten ein?« kann die benötigten Einsichten schaffen und eine Richtung aufzeigen.
- Verzichten Sie auf schnelle Erfolge. Es gibt Gründe dafür, dass uns die Autoren von *Die 5 Entscheidungen* drängen, nach dem Außergewöhnlichen zu streben und nicht nach dem Gewöhnlichen. Als Vorgesetzte sind wir vielleicht versucht, unsere Stärken auszuspielen, den Weg des geringsten Widerstands zu gehen und schnelle Erfolge zu suchen, die Anerkennung und Belohnung bringen. Aber das ist nur selten der Weg, der zu hochwertigen Entscheidungen führt.

Tun Sie etwas Wichtiges, aber Schwieriges – fordern Sie sich selbst heraus, und sorgen Sie für einen hohen Grad an Energie und Schwung.

Ich habe auch schon viele Führungskräfte an hochwertigen Entscheidungen scheitern sehen. Denken Sie mal darüber nach, ob Sie vielleicht mit einer oder mehreren dieser Management-Muffel Ähnlichkeiten aufweisen könnten:

- Sie haben eine Einzelgänger-Persönlichkeit. Daraus folgt das Risiko, keine Rückmeldungen von anderen zu erhalten, wenn der Zug nicht nur aus dem Gleis gesprungen ist, sondern gerade das Brückengeländer durchbricht und in den Fluss stürzt.
- Sie sind so in Ihren Projekten vergraben, dass Sie überhaupt

kein Land mehr sehen (oder nicht mal erkennen, wie tief Sie drinstecken).

- Sie wissen, dass Sie Hilfe brauchen, und sind auch in Versuchung, andere mit einzubeziehen, aber es mangelt Ihnen an der Bescheidenheit und/oder an dem Mut, andere mit größeren Fachkenntnissen anzusprechen.
- Sie scheuen davor zurück, peinliche oder unangenehme Probleme zu lösen, zum Beispiel ein viel Mut erforderndes Leistungsbeurteilungsgespräch.
- Sie haben nicht die Disziplin, um die Frage zu stellen: »Was mache ich heute, um meiner Organisation außergewöhnlichen Wert zu vermitteln? Gibt es Dinge, zu denen ich Nein sagen sollte, weil sie dem im Wege stehen?«
- Sie haben sich in den Strudel der unbegrenzten Möglichkeiten ziehen lassen.
- Sie haben Ihre Tage mit Meetings und Gesprächen gefüllt, die eigentlich auf der Agenda von jemand anderem stehen.
- Sie schaffen es nicht, mit größter Zielstrebigkeit zu planen, wie Sie Ihre Zeit, Ihre Aufmerksamkeit und Ihre Entscheidungsfindungskapazitäten verteilen.

Die Challenges in diesem Buch sind ein Leitfaden zum Handeln – ein Modell, auf dem Sie Ihren einzigartigen Führungsstil aufbauen können. Akzeptieren Sie die Verantwortung, hochwertige Entscheidungen zu treffen, und sehen Sie zu, wie Ihre Beteiligung, Ihr Ruf und Ihr Image nach oben schießen.

Hochwertige Entscheidungen treffen

- Denken Sie daran: Ihr Ruf ist die Gesamtheit Ihrer Entscheidungen, nicht nur im Berufs-, sondern auch im Privatleben. Genau genommen in Ihrem ganzen Leben.

- Nutzen Sie die »Muffel-Eigenschaften« in den obigen Stichpunkten zu Ihrer Einschätzung. Woran werden Sie arbeiten?

- Streben Sie nach dem Außergewöhnlichen. Hochwertige Entscheidungen fußen nur selten auf dem Gewöhnlichen.

- Hinterfragen Sie regelmäßig Ihre Entscheidungsfindung, um zu bestimmen, ob sie verbessert werden kann. Sollte sich Ihre Entscheidungskapazität nicht jede Woche verbessern? Wie beurteilen Sie die Ergebnisse Ihrer vorangegangenen Entscheidungen, und wie übertreffen Sie sie künftig?

Tag 1	Tag 2	Tag 3	Tag 4	Tag 5
Bescheidenheit demonstrieren	Den Überfluss denken	Zuerst zuhören	Die eigenen Absichten erklären	Verpflichtungen eingehen und halten

Tag 6	Tag 7	Tag 8	Tag 9	Tag 10
Das Klima selbst bestimmen	Vertrauen schenken	Vorbild für Work-Life-Balance sein	Die richtigen Leute an die richtige Stelle setzen	Sich Zeit nehmen für Beziehungspflege

Tag 11	Tag 12	Tag 13	Tag 14	Tag 15
Die eigenen Paradigmen überprüfen	Schwierige Gespräche führen	Tacheles reden	Mut und Rücksicht ins Gleichgewicht bringen	Loyalität zeigen

Tag 16	Tag 17	Tag 18	Tag 19	Tag 20
Ungestraft die Wahrheit sagen lassen	Fehler korrigieren	Kontinuierlich coachen	Das Team vor Druck schützen	Regelmäßig Einzelgespräche führen

Tag 21	Tag 22	Tag 23	Tag 24	Tag 25
Andere schlau sein lassen	Visionen schaffen	Die Megawichtigen Ziele (MWZ) feststellen	Maßnahmen auf die Megawichtigen Ziele abstimmen	Dafür sorgen, dass die Systeme Ihre Mission stützen

Tag 26	Tag 27	Tag 28	Tag 29	Tag 30
Ergebnisse liefern	Erfolge feiern	Hochwertige Entscheidungen treffen	Durch Veränderungen führen	Besser werden

Durch Veränderungen führen

Wenn Sie Veränderungen durchsetzen, sind Sie dann ruhig, selbstbewusst und fokussiert — oder ängstlich, besorgt und zerstreut?

Wandel begegnet uns ständig und in jeder Form: Organisationsstrukturen, Marktwettbewerb, behördliche Bestimmungen, Steuergesetze, Umsatzerwartungen, finanzielle und buchhalterische Anforderungen, Qualitätsinitiativen, unerwartete Ereignisse … es nimmt kein Ende. Für diese Challenge habe ich beschlossen, mich auf den Wandel bei Mitarbeitern zu konzentrieren – wo es oft am chaotischsten und am persönlichsten wird. Bitte gut festhalten, es wird ein bisschen stürmisch.

Geht es beim Führen nicht letztlich bloß darum, einen positiven Wandel zu bewirken? Ich meine, niemand bezahlt uns dafür, dass wir den Status quo bewahren. Und da sich das insbesondere auf das Führen anderer bezieht, sollte der ultimative Wandel nicht sichtbar werden, wenn Sie jemanden beobachten, den Sie gecoacht und in dessen Erfolg Sie investiert haben? Meiner persönlichen Erfahrung nach deutet alles darauf hin – *allerdings nur, solange er mich nicht übertrifft.* Da scheint meine Grenze zu liegen.

> Geht es beim Führen nicht letztlich bloß darum, einen positiven Wandel zu bewirken? Ich meine, niemand bezahlt uns dafür, dass wir den Status quo bewahren. Und da sich das insbesondere auf das Führen anderer bezieht, sollte der ultimative Wandel nicht sichtbar werden, wenn Sie jemanden beobachten, den Sie gecoacht und in dessen Erfolg Sie investiert haben?

Einsichten wie diese haben meinen Lektor dazu veranlasst, mich in bestimmten Aspekten meiner Führungslaufbahn als »Management-Muffel« zu bezeichnen. Der Begriff kam schnell (vielleicht ein bisschen zu schnell) ins Gespräch, als mit möglichen Titeln für dieses Buch jongliert wurde. Und die Ironie an der Sache ist: Auf dieser teilweise muffelhaften Reise wurde ich immer als jemand betrachtet, der bewusst in andere investiert. Es macht mir viel Freude zu sehen, wie Menschen aus meiner Umgebung befördert werden, mehr Gehalt bekommen und ihren Einfluss vergrößern. Ich könnte

Dutzende von Personen nennen, die fantastische Karrieren machten, nachdem ich eine Zeit lang das Privileg hatte, ihr Vorgesetzter zu sein. Ich stelle mir gern vor, dass ich eine kleine Rolle dabei gespielt habe, sie für ihre künftigen Erfolge aufzustellen. Aber wie oben bereits eingestanden gibt es leider einen kleinen Haken an meiner Selbstbeweihräucherung: Ich finde es toll, wenn Sie sich verändern und Erfolg haben, solange er nicht größer ist als mein eigener. Es wird Sie freuen zu hören, dass ich zu meiner eigenen beruflichen Weiterentwicklung gerade noch mal Kapitel 2 lese (Den Überfluss denken).

Ein Beispiel: Ich habe einen Kollegen, mit dem ich über 15 Jahre zusammengearbeitet habe. Ich sage oft zu Paul, dass er der jüngere Bruder ist, den ich *nie* hatte, aber mir *immer* wünschte, und ich bin der ältere Bruder, den er *nie* hatte und auch *nie* wollte. Er ist mir auf meinem Weg dicht gefolgt, hat sogar Stellen übernommen, die ich verlassen hatte, und jedes Mal noch Verbesserungen an meinen Errungenschaften und Vermächtnissen erzielt. Rückblickend betrachtet komme ich mit seinem Erfolg zurecht; ich bin sogar stolz darauf, auch wenn seine Leistungen in diesen Positionen meine immer in den Schatten zu stellen schienen. Ich habe mich wirklich über seine Siege gefreut, und das über viele Jahre hinweg. Er ist intelligent, vertrauenswürdig, fleißig, diszipliniert, und er hat seine Reife und seine Kompetenz erheblich gesteigert. Das schien mir eine Bestätigung zu sein, denn er und andere haben meine Investitionen in ihn im Laufe der Jahre anerkannt.

Und dann geschah es – ehrlich gesagt, ich wusste, dass es kommen würde –, dass der CEO Paul beförderte. Auf eine höhere Position als meine.

Es war nur eine Frage der Zeit gewesen, dass er befördert werden würde, eine Entscheidung, die ich im Führungsteam ausdrücklich befürwortete. Dann setzte die Realität ein, und aus Gründen, die ich immer noch erschließen muss, war es für mich ein bisschen schwer zu verdauen. (Ist es nicht erstaunlich, dass eine Veränderung logisch sinnvoll ist und wir uns emotional trotzdem damit schwertun?) Diese Herausforderung habe ich noch nicht gemeistert, denn seltsamerweise will ich den Job gar nicht haben, den er hat, ich bin dafür nicht qualifiziert und will mich auch nicht dafür qualifizieren. In meiner laufenden Selbsterforschung spüre ich, es lag daran, dass ich zum ersten Mal in meiner Laufbahn erlebte, wie jemand nicht nur auf meinen Level, sondern darüber hinausgelangte. Es hat wirklich 0 Prozent mit Paul und 100 Prozent mit mir zu tun. Um das klar zu sagen, für alle, die sich jetzt zunehmend unwohl fühlen (ich habe Sie ja gewarnt, dass es stürmisch wird), ich finde, er ist unbestritten der richtige Mann für diesen Posten. Unsere gesamte Firma, die Kunden und die Shareholder werden von seiner Beförderung profitieren.

Als Ergebnis meiner Reflexionen nehme ich an, dass eine von zwei Sachen passieren wird: Ein Teil von Ihnen wird mir bestätigende E-Mails und Tweets schicken, wie aufrichtig und verwundbar ich bin (Legende); die anderen werden mir hasserfüllte E-Mails und Tweets schicken, in denen sie meine Fähigkeit infrage stellen, überhaupt eine Führungsposition auszufüllen (Muffel).

Ich glaube, das bestätigt die Weisheit, dass der Mensch den Wandel unterstützt, wenn es seine Idee war, und es nicht tut, wenn es das nicht war. Oder in meinem Fall, ich unterstütze ihn, wenn er *Sie* betrifft, aber weniger, wenn er *mich* betrifft.

Pauls Beförderung wurde dem unmittelbaren Führungsteam mitgeteilt, und ich konnte meine Eifersucht einfach nicht im Zaum halten. Als ich zu meinem Führungsteam zurückkehrte, um die Entscheidung zu besprechen, täuschte ich Begeisterung vor. Dann erklärte ich, dass ich die Entscheidung befürworten, aber nicht als Pauls Untergebener arbeiten würde – wahrscheinlich niemals. Ich äußerte meine Überzeugung, dass er der Richtige für die Position sei, und meine Erwartung, dass mein Team hinter ihm stehe. Jeder mit auch nur ein bisschen Verstand hätte meine Gedanken lesen und meine halbherzige Unterstützung bemerken können.

Wie erbärmlich – und ehrlich gesagt unangemessen. Ich muss auf mein Team kleinkariert und dämlich gewirkt haben.

Ein Kollege stellte mich deshalb zur Rede. Auf der Stelle. Energisch.

Ich begegnete der Kritik mit klassischer Entrüstung à la Scott und begann darüber zu sprechen, wie die neue Organisationsstruktur sich auf das Team auswirken und uns voranbringen würde. Ich muss meinen Mitarbeitern zugutehalten, dass viele mich fragten, wie es mir mit der Entscheidung ging, und einige gingen sogar so weit, meine sichtlichen Schwierigkeiten zu bestätigen. (Sie waren aber trotzdem von dem Führungswechsel ermutigt.)

Jeder von uns hat so seine eigenen Trigger in Sachen Wandel. Ich habe meine offen preisgegeben (und Sie haben hoffentlich einen guten Therapeuten, dem sie Ihre preisgeben können). Die Wahrheit ist, dass die meisten Menschen glauben, Veränderungen würden für sie eine Verschlechterung und keine Verbesserung bedeuten. Laut Alan Deutschman in *Change or Die* haben 88 Prozent eine pessimistische Sichtweise auf den Wandel.[25] In Franklin-Coveys Angebot für Spitzenführungskräfte *The 6 Critical Practices for Leading a Team* wird diesem Dilemma begegnet, indem man zunächst ein neues Mindset annimmt – man versucht nicht länger, den Wandel zu kontrollieren und einzudämmen, sondern sich dafür einzusetzen. Rückblickend erkenne ich, wie meine Ängste und Bemühungen um Kontrolle und Eindämmung sowohl mein Image als auch meine Glaubwürdigkeit negativ beeinflusst haben – Eigenschaften, an denen ich jahrelang enorm intensiv gearbeitet hatte.

Die emotionalen Auswirkungen unternehmensbezogener Veränderungen auf Ihre Mitarbeiter dürfen Sie nicht unterschätzen. Als Vorgesetzter waren Sie wahrscheinlich an den internen Gesprächen beteiligt. Sie kennen den Kontext zu all den Diskussionen und Debatten, die letztlich zu dieser Entscheidung geführt haben. Infolgedessen haben Sie selbst vielleicht noch gar nicht erkannt, wie wertvoll die Zeit ist, die für das Abstimmen und Verstehen des Wandels aufgewendet wird.

Diese Vorgehensweisen empfand ich als nützlich, wenn es darum ging, durch Veränderungen zu führen:

- Achten Sie darauf, wie der Wandel sich auf Sie auswirkt. Ihr Verhältnis dazu und Ihre Erfahrungen damit beeinflussen, wie Sie ihn anderen gegenüber kommunizieren. Lassen Sie Ihr eigenes Bedürfnis, die Veränderung zu verarbeiten und zu verstehen, nicht zu kurz kommen; Sie müssen diesen Prozess durchlaufen, damit Sie die Neuerungen vermitteln und dahinterstehen können. Vielleicht müssen Sie sich sogar sagen: »Ich muss meine eigenen Ansichten überprüfen, ehe ich diesen Wandel verarbeiten, verstehen und verantworten kann.«
- Stellen Sie möglichst viele Fragen, um für Ihre eigenen Mitarbeiter den Kontext gestalten zu können. Je mehr Sie wissen und verstehen, umso besser können Sie sie durch den Prozess führen.
- Ermitteln Sie den Grad an Transparenz. Achten Sie bewusst darauf, wie viel Sie preisgeben, damit Ihr Team den Wandel mit der notwendigen Geschwindigkeit verarbeiten kann. Manchmal haben Sie nicht den Luxus, über ausreichend Zeit zu verfügen, und jede Situation erfordert eine jeweils angepasste Vorgehensweise. Beständig ist nur, dass die Menschen im Allgemeinen gut mit problematischen Neuigkeiten umgehen können. Was sie nicht tolerieren, sind die falschen oder gar keine Neuigkeiten. Tun Sie Ihr Möglichstes, um weiterzugeben, was Sie wissen, einzugestehen, was Sie nicht wissen, und zuzusichern, alle so umgehend und durchgängig auf dem Laufenden zu halten, wie die Vernunft es gebietet.
- Entscheiden Sie sich für einen Kommunikationsstil während des Wandels. Womöglich müssen Sie Ihre eigenen gemischten Gefühle in den Griff bekommen und gleichzeitig Ihrer professionellen Verantwortung gerecht werden.

Sie lernen, durch Veränderungen zu führen, indem Sie etwas Abstand wahren zwischen den Neuigkeiten, die Sie erhalten (dem Stimulus), und Ihrem Umgang damit (Ihrer Reaktion). Vielleicht müssen Sie auch einstweilen Ihre persönlichen Gefühle beiseitelassen, sie womöglich gar abschotten, während Sie planen, wie Sie sich zum Nutzen der Organisation für den Wandel einsetzen. Diese spezielle Managementherausforderung ist eine, in der ich immer noch eher Muffel bin, aber ich arbeite daran, zur Legende zu werden.

Fürs Protokoll: Paul, ich bin stolz auf dich.

Durch Veränderungen führen

- Erkennen Sie an, dass Veränderungen und Wachstum schwierig sind. Es ist in Ordnung, sich damit schwerzutun. Nur weil Sie Vorgesetzter sind, sind Sie nicht immun gegen emotionale Reaktionen auf den Wandel. Gestehen Sie sich zu, einen Prozess zu durchlaufen. Aber seien Sie klug genug, es im Privaten und nicht öffentlich zu tun.

- Trennen Sie zwischen den Auswirkungen der Veränderung auf Sie persönlich und denen auf die Organisation. Fokussieren Sie sich auf das, was Sie vertreten können, wenn Sie den Wandel zum Nutzen anderer arrangieren. Ihre Mitarbeiter beobachten genau, wie Sie Vertrauen ausstrahlen und Ihre Emotionen unter Kontrolle haben. Je mehr Sie sich dessen bewusst sind, umso besser ist Ihre Vorbildposition für das, was Sie bei ihnen erleben wollen.

- Vergessen Sie nicht, den Überfluss zu denken (Challenge 2). Der Wandel öffnet oft neue Türen, Erfahrungen, Chancen und so weiter.

Tag 1	**Tag 2**	**Tag 3**	**Tag 4**	**Tag 5**
Bescheiden-heit demonstrieren	Den Überfluss denken	Zuerst zuhören	Die eigenen Absichten erklären	Verpflichtungen eingehen und halten
Tag 6	**Tag 7**	**Tag 8**	**Tag 9**	**Tag 10**
Das Klima selbst bestimmen	Vertrauen schenken	Vorbild für Work-Life-Balance sein	Die richtigen Leute an die richtige Stelle setzen	Sich Zeit nehmen für Beziehungspflege
Tag 11	**Tag 12**	**Tag 13**	**Tag 14**	**Tag 15**
Die eigenen Paradigmen überprüfen	Schwierige Gespräche führen	Tacheles reden	Mut und Rücksicht ins Gleichgewicht bringen	Loyalität zeigen
Tag 16	**Tag 17**	**Tag 18**	**Tag 19**	**Tag 20**
Ungestraft die Wahrheit sagen lassen	Fehler korrigieren	Kontinuierlich coachen	Das Team vor Druck schützen	Regelmäßig Einzelgespräche führen
Tag 21	**Tag 22**	**Tag 23**	**Tag 24**	**Tag 25**
Andere schlau sein lassen	Visionen schaffen	Die Megawichtigen Ziele (MWZ) feststellen	Maßnahmen auf die Megawichtigen Ziele abstimmen	Dafür sorgen, dass die Systeme Ihre Mission stützen
Tag 26	**Tag 27**	**Tag 28**	**Tag 29**	**Tag 30**
Ergebnisse liefern	Erfolge feiern	Hochwertige Entscheidungen treffen	Durch Veränderungen führen	Besser werden

Besser werden

Beurteilen Sie regelmäßig
Ihre Relevanz und verbessern
Ihre Fähigkeiten und Kenntnisse?

n dieser Challenge geht es nicht um schrittweise Verbesserungen Ihrer beruflichen Weiterentwicklung, Relevanz oder Kompetenz. Ich fordere Sie heraus, nicht nur doppelt so gut zu werden, sondern viermal so gut. Und wenn Sie das schaffen, ragen Sie heraus, gewährleisten Ihre Bedeutsamkeit und sichern sich Ihre Zukunft.

Ich habe großes Interesse an der beruflichen Wegstrecke anderer. In der Serie *On Leadership,* die ich moderiere, laden wir allwöchentlich bekannte Vordenker, Bestsellerautoren und anerkannte Branchenexperten zu einem Gespräch über ihre Fachbereiche ein. Ich persönlich lerne jede Woche so viel dazu, dass ich es gar nicht alles auf einmal verarbeiten kann. Zum Auftakt stelle ich jedem Gast dieselbe allgemeine Frage, die seine Laufbahn beschreiben soll: Was hat ihn zum Erfolg geführt? Fast alle meine Gäste haben zwei Dinge gemeinsam:

- eine anhaltende, unstillbare Neugier auf ein bestimmtes Thema,
- den unerschöpflichen Drang, es besser zu verstehen und dann zu kommunizieren als jeder andere auf dieser Erde.

Noch etwas anderes verbindet diese Branchenexperten und Vordenker, was sie aber kaum in der Öffentlichkeit preisgeben würden, und das ist die Tatsache, dass sie sich kontinuierlich selbst neu erfinden. Sie sind der Kurve, dem Abschwung und ihrer eigenen Langeweile über ihr bislang letztes Thema voraus.

Malcolm Gladwell, den ich (noch) nicht interviewt habe, ruht sich niemals auf seinem jeweils jüngsten Erfolg aus. Seine Bücher, Vorträge und Artikel behandeln unerwartet neue Themen, die ich niemals mit ihm in Verbindung gebracht hätte, sodass er mich ständig mit der Weiterentwicklung seiner Interessen- und Schwerpunktgebiete überrascht. Malcolm ist ein ausgezeichnetes Beispiel für alle, die versuchen, einen Schritt voraus zu bleiben, sich ihre Bedeutsamkeit zu wahren und unverzichtbar zu werden. Das ist eine persönliche Herausforderung, die ich mir während meiner gesamten beruflichen Laufbahn zu Herzen genommen habe und für eine Kernkompetenz halte. Aber ohne ein paar Fehlgriffe ging es nicht ab. Das zeigte sich mir eines Tages, während ich mit dem bekannten Marketingspezialisten Seth Godin sprach. Er erinnerte mich daran, wie wichtig es ist, den Unterschied zwischen Waghalsigkeit und Furchtlosigkeit zu kennen.

Machen Sie mal das Mikro aus.

Unzählige Male habe ich diese Unterscheidung anderen vermittelt, denn sie

In dieser Challenge geht es nicht um schrittweise Verbesserungen Ihrer beruflichen Weiterentwicklung, Relevanz oder Kompetenz. Ich fordere Sie heraus, nicht nur doppelt so gut zu werden, sondern viermal so gut.

hat Bezug zu unseren eigenen Entwicklungen als Führungskräfte. In meinem Fall habe ich zu lange Zeit gedacht, ich sei furchtlos, obwohl ich eigentlich nur leichtsinnig war (wie dieses Buch zeigt). Jetzt sind mir die Unterschiede vollkommen klar, und ich habe die erklärte Absicht, furchtlos zu werden, zumindest in meiner beruflichen Laufbahn.

Waghalsigkeit heißt, Dinge zu tun, die Ihr Image, Ihren Ruf oder sogar das Selbstwertgefühl oder die Gefühle anderer Menschen irreparabel beschädigen können. Wer dagegen furchtlos ist, geht mit Bedacht Risiken ein, die enorme Vorteile hervorbringen können, deren Nachteile (bei Misserfolg) jedoch handhabbar sind und sich wahrscheinlich nur allein auf Sie auswirken. Wenn Sie Ihre Stelle kündigen, um ohne Agenten, Verlag oder Ersparnisse einen Bestseller-Roman zu schreiben, ist das leichtsinnig. Zum Hörer zu greifen, um jedem verfügbaren Verleger Ihre Idee vorzustellen, und sich ermutigt zu fühlen von der Naivität dieser Dummköpfe, die Sie ablehnen, ist furchtlos (fragen Sie nur mal J. K. Rowling).

Ja, ich habe Ängste – in meinem Kalender finden sich keine Fallschirmsprünge, kein Bungee-Jumping und keine Tauchgänge. Aber in beruflicher Hinsicht bin ich furchtlos genug, um es mit allem Möglichen aufzunehmen, und das hat mir enorm gute Dienste geleistet. Um das klarzustellen, ich stürze mich nicht ohne Vorbereitung und Achtsamkeit in irgendetwas hinein. Ich kenne meine Stärken und weiß, bis zu welchem Grad ich sie beanspruchen kann. Und das heißt typischerweise, weit über meinen Komfortbereich hinauszugehen oder über das, was andere mir zutrauen. Ich gehe Dinge an und arbeite wie besessen, um sie zu bewältigen. Und ich hole mir dafür so viele kompetente Leute wie nur möglich mit ins Boot. Ich glaube, diese Motivation und die Bereitschaft, »mich auszuliefern«, hat sich für meine Karriere immens ausgezahlt. Um ehrlich zu sein, ich habe auch gelernt zu unterscheiden, wessen Feedback mir wichtig ist und wessen nicht. So gibt es – wenig überraschend – eine Gruppe von Menschen, denen ich gleichgültig bin. Offen gestanden denke ich nicht mal über sie nach. Ich lechze nach dem Feedback und den Ratschlägen derer, von denen ich weiß, dass sie mein Bestes wollen.

Worauf will ich nun hinaus mit meiner Tirade über Waghalsigkeit versus Furchtlosigkeit? Ich möchte Sie leidenschaftlich dazu ermutigen, furchtlos in Bezug auf Ihre eigene berufliche Weiterentwicklung und Lernerfahrung zu sein. Machen Sie Quantensprünge. Wie lautet der herkömmliche Standardratschlag dazu? Hören Sie Podcasts, gehen Sie zu Branchenkonferenzen, lesen Sie die Fachliteratur, schauen Sie sich TED-Talks an, bla, bla, bla … Ach, zur Hölle damit.

Gehen Sie Risiken ein. Produzieren Sie Ihren eigenen Podcast; berufen Sie Ihre eigene interne Unternehmenskonferenz ein; schreiben Sie Ihren eigenen verdammten Artikel; hören Sie auf, TED-Talks zu schauen, und nehmen Sie stattdessen Ihre eigenen auf. Gehen Sie und schaffen

> Worauf will ich nun hinaus mit meiner Tirade über Waghalsigkeit versus Furchtlosigkeit? Ich möchte Sie leidenschaftlich dazu ermutigen, furchtlos in Bezug auf Ihre eigene berufliche Weiterentwicklung und Lernerfahrung zu sein. Machen Sie Quantensprünge.

Sie sich selbst ein neues Image durch neue Fähigkeiten, die neue Zielsetzungen unterstützen.

Der beste taktische Rat zum Besserwerden stammt aus *Schnelligkeit durch Vertrauen*:

- Nehmen Sie sich vor, sich kontinuierlich zu verbessern. Wenn Sie nicht die mentale Entschlossenheit haben, in einem bestimmten Bereich nach Steigerung zu streben, leben Sie selbstzufrieden im Status quo. Dieses Buch bietet Ihnen 30 Challenges, um das Erstere zu tun – anstatt das Buch einfach wegzulegen, wenn Sie es ausgelesen haben, tragen Sie konkrete Challenges in Ihren Kalender ein.
- Steigern Sie Ihre Kapazitäten. Solange wir noch nicht in einer utopischen Zukunft leben, in der wir unser Gehirn (und unseren Bizeps) an eine Maschine anschließen und sie auf magische Weise vergrößern können, kommen wir nur voran, wenn wir uns fordern, schwierige Sachen machen, scheitern, lernen, wachsen, Erfolg haben und wiederholen.
- Lernen Sie unaufhörlich. Die Tatsache, dass Sie dieses Buch lesen, beweist, dass Sie motiviert sind, zu lernen und sich selbst neu zu erfinden. Machen Sie weiter so! Gehen Sie nie davon aus, dass Ihre heutigen Kenntnisse und Fähigkeiten ausreichen für die Herausforderungen von morgen.
- Entwickeln Sie Feedback-Systeme. Ob Sie es glauben oder nicht, ohne Feedback können unsere gut gemeinten Bemühungen, besser zu werden, erlahmen, oder es kann sogar der Schuss nach hinten losgehen. Woher wollen Sie wissen, dass Sie in wichtigen oder auch in den richtigen Bereichen Fortschritte machen? Schaffen Sie Sicherheitsmechanismen, und sorgen Sie dafür, dass andere Ihnen ungestraft die Wahrheit sagen können (siehe Challenge 16).
- Richten Sie sich nach dem Feedback, das Sie erhalten. Viele der Challenges in diesem Buch helfen Ihnen dabei, Feedback in Handlungen umzusetzen, zum Beispiel Challenge 5:

Verpflichtungen eingehen und halten. Übertragen Sie das Feedback in konkretes Verhalten, das für Ihre Mitarbeiter sichtbar ist.

Noch ein letzter Gedanke zum Feedback: Ich bin nicht an *jedermanns* Meinung interessiert. Und ich glaube, das sollten Sie auch nicht. Wenn Sie daran arbeiten, besser zu werden, exponieren Sie sich. Die Welt ist voller Nörgler, Pessimisten, Kritiker und Menschen, die sich ewig damit zufriedengeben, im Hintergrund zu bleiben. Daher schließe ich mit einem Zitat aus Brené Browns Buch *Laufen lernt man nur durch Hinfallen*. Ich lese täglich darin. Das ist mein neues Mantra zum Aufbau meiner Fähigkeiten, Eingehen von Risiken, Lernen, Probieren, Scheitern und erneuten Probieren – Sie wissen schon, zum Besserwerden:

»Eine Menge billiger Plätze in der Arena sind mit Menschen besetzt, die sich nie auf den Rasen trauen. Sie putzen andere bloß aus sicherer Entfernung mit ihrer kleingeistigen Kritik herunter. Das Problem ist, wenn wir uns nicht mehr darum kümmern, was andere denken, und uns von Gemeinheiten nicht mehr kränken lassen, verlieren wir unsere Bindungsfähigkeit. Aber wenn wir uns von dem definieren lassen, was andere denken, verlieren wir den Mut zur Verletzlichkeit. Deshalb müssen wir wählerisch sein mit dem Feedback, das wir in unser Leben hineinlassen. Für mich gilt: Wenn Sie nicht auf dem Rasen mitkicken und vollen Einsatz zeigen, bin ich an Ihrem Feedback nicht interessiert.«[26]

Also gehen Sie raus, springen Sie in die Führungsarena und setzen Sie die 30 Challenges in die Praxis um. Und wenn Sie unweigerlich dabei Schläge einstecken müssen, denken Sie an die verschiedenen Katastrophen und Erfolge, die ich im Laufe der Jahre erlebt (oder verursacht) habe. Mit jedem Schlag ging eine Erkenntnis einher, eine Kurskorrektur, eine Beziehungseinsicht, ein Verlangen, mich wieder aufzurappeln, die Zähne zusammenzubeißen und besser zu werden. Ich lade Sie ein, sich mir in der Arena hinzuzugesellen, sich nichts aus den blauen Flecken und Schrammen zu machen, die Sie sich immer mal wieder zuziehen werden, und sich dem nobelsten, lebensveränderndsten und potenziell weltveränderndsten Unterfangen zu widmen: eine Führungskraft zu sein.

VOM MUFFEL ZUR LEGENDE

BESSER WERDEN

- Widmen Sie jeder der 30 Challenges einen Tag in Ihrem Kalender. Sortieren Sie sie danach, wo Sie Ihrem Empfinden nach oder aufgrund der Hinweise anderer am meisten profitieren könnten.

- Bestimmen Sie diejenigen Challenges, bei denen Sie sich sicher fühlen, und gratulieren Sie sich selbst. Seien Sie stolz darauf! Fragen Sie sich: »Könnten ein paar Verfeinerungen diese derzeitige Stärke sogar zu meiner ›Killer-App‹ machen?«

- Sie haben genügend, woran Sie bis hierhin arbeiten können. Ich werde Ihnen keine zusätzlichen Impulse geben. Gehen Sie ein Bier trinken, und denken Sie darüber nach, was auf Ihrer Führungslaufbahn als Nächstes kommt.

Besser-werden-Bonus

(alias Scotts Liste
kostenloser Selbstförderungsaktivitäten)

Als Executive Vice President of Thought Leadership bei Franklin-Covey habe ich das Privileg, mich mit drei verschiedenen Führungsentwicklungsmöglichkeiten beschäftigen zu können. Die erste ist eine Führungserkenntnis von weniger als einer Minute pro Wochentag, die ich aus meinen über 25 Jahren in der Branche gewonnen habe und die auf all meinen Social-Media-Kanälen verfügbar ist:

- Facebook: https://www.facebook.com/ScottMillerFC/
- Twitter: https://twitter.com/ScottMillerFC
- LinkedIn: https://www.linkedin.com/in/scottmillerfc/
- Instagram: https://www.instagram.com/scottmillerfc/

Zum Zweiten habe ich eine wöchentliche Radiosendung bei iHeartRadio namens *Great Life, Great Career With Scott Miller*. In einstündigen Interviews erteilen verschiedene Bestseller-Autoren, Branchentitanen und ganz normale Leute wie Sie und ich, die unglaubliche Geschichten und Erfahrungen zu erzählen haben, praktische Führungsratschläge. Hier finden Sie mich:

- https://www.iheart.com/podcast/420-great-life-great-career-sc-30164198/episodes/
- https://itunes.apple.com/us/podcast/great-life-great-career/id1438915013?mt=2
- https://www.stitcher.com/podcast/franklincovey/great-life-great-career

- https://resources.franklincovey.com/greatlifegreatcareer
- https://soundcloud.com/great-life-great-career

Drittens darf ich für FranklinCovey ein Programm mit dem Titel *On Leadership With Scott Miller* durchführen. Dieser wöchentliche Newsletter enthält spannende Interviews mit Bestseller-Autoren, anerkannten Autoritäten, Vortragsrednern und Personen des öffentlichen Lebens, die ihre besondere Perspektive auf das Thema Führung erläutern. Das Besondere an *On Leadership With Scott Miller* ist, dass es sich mittlerweile um den weltweit am schnellsten wachsenden wöchentlichen Newsletter zur Führungsentwicklung handelt. Er wird von FranklinCovey kostenlos angeboten und enthält das jeweilige Interview, einen Blog-Beitrag und ein Tool zum Herunterladen, mit dem Sie und Ihre Mitarbeiter die Erkenntnisse unmittelbar umsetzen können. Ich empfehle Ihnen, sich hier dafür anzumelden:

- https://resources.franklincovey.com/on-leadership-with-scott-miller

Abschließender Gedanke: Was ist mit Charakter?

Ich nehme an, einige von Ihnen fragen sich, warum bestimmte Führungskompetenzen, die Ihnen wichtig sind oder die von FranklinCovey unterrichtet werden, nicht in diesem Buch vorkommen. Als meine Kollegen und ich die Liste gekürzt haben, ließen wir Dutzende davon herausfallen, hauptsächlich um die Challenges und das Buch überschaubar zu machen (und jetzt denken Sie: *30 ist überschaubar?*). Wenn wir jedes Führungsprinzip, jede Fähigkeit oder jede Herausforderung mit aufgenommen hätten, die Ihnen jemals begegnen werden, wäre das einfach zu viel geworden. Wie Sie wissen, mag ich die kleinen Häppchen. Kurze, umsetzbare Einsichten, die ich im Gedächtnis behalten und sofort in mein Leben integrieren kann.

Es gibt eine grundlegende Challenge, wichtiger als alle anderen, die hier nicht enthalten ist: Charakter. Diejenigen Leser, die mit dem Einfluss und dem Ruf von FranklinCovey vertraut sind, die unsere anderen Bücher, Lösungen und den übergreifenden Ansatz in Sachen Effektivität kennen, wissen, dass der Wert sowohl Ihres Charakters als auch Ihrer Kompetenz im Mittelpunkt all dessen steht, an das wir glauben und das wir lehren. Dieses Buch widmet sich hauptsächlich Ihrer Kompetenz: Ihren Überzeugungen, Ihrem Handeln und sogar Ihren Reaktionen. Es bezieht sich vor allem auf Verhaltensweisen, und über einige davon haben Sie vermutlich schon nachgedacht, wenn Sie mit einer bestimmten Herausforderung konfrontiert waren.

Ich habe den Charakter nicht absichtlich weggelassen. Um es mit Joel Peterson zu sagen, dem Professor an der Stanford Graduate School of Business und Vorstandsmitglied von JetBlue Airways: »Charakter ist Ihre Eintrittskarte zum Spiel.« Ihr Charakter ist das Fundament. Er ist die Grundlage dessen, wer Sie in jedem einzelnen Lebensbereich sind – als Führungskraft, als Elternteil, als Ehepartner, als Freund, als Geschäftspartner oder Kollege.

Schauen Sie sich die Vorgesetzten und Lehrer an, die einen dauerhaften, nachhaltigen Eindruck in unserem Leben hinterlassen haben. Für gewöhnlich ist es ihr Charakter, der ihren Ruf stärkt oder zerstört. Tagtäglich scheinen uns weitere Beispiele für Menschen zu begegnen, die wir bewundern oder respektieren und die ihren eigenen Einfluss und ihre Bedeutsamkeit durch Charakterschwächen untergraben. Was über Jahrzehnte hinweg geschaffen wurde, ist binnen Minuten zerstört.

Die Entscheidung, Charakter nicht in dieses Buch mit aufzunehmen, heißt nicht, dass er unbedeutend ist. Ich will es klar und deutlich sagen: Keine dieser Führungs-Challenges spielt irgendeine Rolle, wenn Sie an der Charakter-Challenge scheitern. Und sie stellt sich Ihnen tatsächlich meist als Challenge dar, in Form von Problemen, mit denen Sie gelegentlich im Stundentakt konfrontiert werden. Die meisten sind eindeutige und sachbezogene Probleme, die Ihren Charakter auf die Probe stellen oder bestätigen. Das sind die einfachen (oder sollten sie sein). Über das, was Ihre Mitmenschen sehen, lassen sich recht leicht die richtigen Entscheidungen treffen. Aber die anderen, nuancenreicheren Gelegenheiten, die im Augenblick klein oder unbedeutend scheinen mögen, sind überdurchschnittlich wertvoll, um Ihren Charakter zu stärken. Das Verborgene. Das Verhalten, das keiner sieht – vielleicht niemals. In vielen Fällen wird das tatsächlich nur ein Mensch tun. Sie selbst.

Anmerkungen

1. Todd Davis, *Werde besser! 15 bewährte Strategien zum Aufbau effektiver Beziehungen im Job* (Offenbach: Gabal, 2019), Originalausgabe: *Get Better: 15 Proven Practics to Building Effective Relationships at Work* (New York: Simon & Schuster, 2017).
2. Stephen R. Covey, *Die 7 Wege zur Effektivität: Prinzipien für persönlichen und beruflichen Erfolg* (Offenbach: Gabal, 2019), Originalausgabe: *The 7 Habits of Highly Effective People* (New York: Simon & Schuster, 2013).
3. Deborah Tannen, *Du kannst mich einfach nicht verstehen* (München: Goldmann, 1993), Originalausgabe: *You Just Don't Understand* (New York: William Morrow & Co, 1990).
4. Stephen M. R. Covey und Rebecca R. Merrill, *Schnelligkeit durch Vertrauen* (Offenbach: Gabal, 2009), Originalausgabe: *The Speed of Trust* (New York: Simon & Schuster, 2018).
5. Blaine Lee, *The Power Principle: Influence with Honor* (New York: Simon & Schuster, 1997).
6. Deutsche Ausgabe: Stephen M. R. Covey, *Schnelligkeit durch Vertrauen* (Offenbach: Gabal, 2009).
7. Stephen R. Covey, A. Roger Merrill und Rebecca R. Merrill, *Der Weg zum Wesentlichen* (Frankfurt/New York: Campus, 2003), Originalausgabe: *First Things First* (New York: Simon & Schuster, 1994).
8. »Time Off and Vacation Usage«, *U. S. Travel Association*. https://bit.ly/2JOrOrd.
9. Jim Collins, *Der Weg zu den Besten: Die sieben Management-Prinzipien für dauerhaften Unternehmenserfolg* (Frankfurt/New York: Campus, 2011), Originalausgabe: *Good to Great* (New York: Random House Business, 2001).
10. Stephen R. Covey, *Die 7 Wege zur Effektivität: Prinzipien für persönlichen und beruflichen Erfolg* (Offenbach: Gabal, 2019), Originalausgabe: *The 7 Habits of Highly Effective People* (New York: Simon & Schuster, 2013).
11. Video der nordamerikanischen Studie zum Geschäftsethos, »Is Every Lie ›a Sin‹? Maybe Not«, Knowledge@Wharton, 17. September 2014. https://whr.tn/1qLGRBw.
12. Stephen M. R. Covey und Rebecca R. Merrill, *Schnelligkeit durch Vertrauen* (Offenbach: Gabal, 2009), Originalausgabe: *The Speed of Trust* (New York: Simon & Schuster, 2018).

13. Stephen R. Covey, *Die 7 Wege zur Effektivität: Prinzipien für persönlichen und beruflichen Erfolg* (Offenbach: Gabal, 2019), Originalausgabe: *The 7 Habits of Highly Effective People* (New York: Simon & Schuster, 2013).
14. »13 Behaviors® of High-Trust Leaders«.
15. Russell C. Smith und Michael Fister, »Lies, Truth, and Compromises: Are We Hardwired to Lie?«, Psychology Today, 15. Juni 2014. https://bit.ly/2uAU06o.
16. Tyler G. Okimoto, Michael Wenzel und Kyli Hedrick, »Refusing to Apologize Can Have Psychological Benefits (and We Issue No Mea Culpa for This Research Finding)«, *The Canadian Journal of Chemical Engineering*, 4. November 2012. https://bit.ly/2Yy8vpx.
17. Elisabeth Kübler-Ross, *Über den Tod und das Leben danach* (Güllesheim: Silberschnur, 2012).
18. Kory Kogon, Adam Merrill und Leena Rinne, *Die 5 Entscheidungen: Prinzipien für außergewöhnliche Produktivität* (Offenbach: Gabal, 2016), Originalausgabe: *The 5 Choices: The Path to Extraordinary Productivity* (New York: Simon & Schuster, 2015).
19. Scott Miller, Todd Davis und Victoria Roos-Olsson, *Willkommen in deinem ersten Führungsjob! Die 6 entscheidenden Methoden der Teamführung* (Offenbach: Gabal, 2020), Orginalausgabe: *Everyone Deserves a Great Manager: The 6 Critical Practices for Leading a Team* (New York: Simon & Schuster, 2019).
20. Liz Wiseman, Multipliers: *How the Best Leaders Make Everyone Smarter* (New York: HarperBusiness, 2017).
21. Chris McChesney, Sean Covey und Jim Huling, *Die 4 Disziplinen der Umsetzung* (München: Redline, 2016), Originalausgabe: *The 4 Disciplines of Execution* (New York: Free Press, 2012).
22. Richard Mauntah, »Jockey's Decision Likely Saves Horse from Injury«, *Toronto Sun*, 20. April 2015. https://bit.ly/2Yz8rWH.
23. Heike Bruch und Sumantra Ghoshal, »Beware the Busy Manager«, Harvard Business Review, 18. November 2014. https://bit.ly/2CM9ER3.
24. Erma Bombeck, *Eat Less Cottage Cheese and More Ice Cream: Thoughts on Life from Erma Bombeck* (Kansas City: Andrews McMeel Publishing, 2003).
25. Alan Deutschman, *Change or Die: The Three Keys to Change at Work and in Life* (New York: Harper, 2008).
26. rené Brown, *Laufen lernt man nur durch Hinfallen* (München: Kailash, 2016), Originalausgabe: *Rising Strong: The Reckoning, The Rumble, The Revolution* (New York: Spiegel & Grau, 2015).

Quellen der Challenges

SICH SELBST FÜHREN

1. Bescheidenheit zeigen — *Schnelligkeit durch Vertrauen*
2. Den Überfluss denken — *Die 7 Wege zur Effektivität: Prinzipien für persönlichen und beruflichen Erfolg*
3. Zuerst zuhören — *Die 7 Wege zur Effektivität: Prinzipien für persönlichen und beruflichen Erfolg; Schnelligkeit durch Vertrauen*
4. Die eigenen Absichten erklären — *Schnelligkeit durch Vertrauen*
5. Verpflichtungen eingehen und halten — *Schnelligkeit durch Vertrauen*
6. Das Klima selbst bestimmen — *Die 7 Wege zur Effektivität: Prinzipien für persönlichen und beruflichen Erfolg*
7. Vertrauen schenken — *Schnelligkeit durch Vertrauen*
8. Vorbild für Work-Life-Balance sein — *Die 5 Entscheidungen: Prinzipien für außergewöhnliche Produktivität*

ANDERE FÜHREN

9. Die richtigen Leute an die richtige Stelle setzen — *The 4 Essential Roles of Leadership*
10. Sich Zeit nehmen für Beziehungspflege — *The 4 Essential Roles of Leadership*
11. Die eigenen Paradigmen überprüfen — *Die 7 Wege zur Effektivität: Prinzipien für persönlichen und beruflichen Erfolg*
12. Schwierige Gespräche führen — *The 4 Essential Roles of Leadership*
13. Tacheles reden — *Schnelligkeit durch Vertrauen*
14. Mut und Rücksicht ins Gleichgewicht bringen — *Die 7 Wege zur Effektivität: Prinzipien für persönlichen und beruflichen Erfolg*
15. Loyalität zeigen — *Schnelligkeit durch Vertrauen*
16. Ungestraft die Wahrheit sagen lassen — *Werde besser! 15 bewährte Strategien zum Aufbau effektiver Beziehungen im Job*
17. Fehler korrigieren — *Schnelligkeit durch Vertrauen*
18. Kontinuierlich coachen — *The 4 Essential Roles of Leadership*
19. Das Team vor Druck schützen — *Die 5 Entscheidungen: Prinzipien für außergewöhnliche Produktivität*
20. Regelmäßig Einzelgespräche führen — *The 6 Critical Practices for Leading a Team*
21. Andere schlau sein lassen — *The 4 Essential Roles of Leadership*

Danksagung

Fast genau ein Jahr vor der Entstehung dieses Buches setzte sich ein Team talentierter Mitarbeiter bei FranklinCovey zusammen, um aus den zahlreichen Führungslösungen, die wir unseren Kunden anbieten, eine Auswahl von Challenges zu treffen.

Einige Wochen lang traf sich dieses Team unter der Führung meines Kollegen und Freundes James zum Brainstorming. Es wurde debattiert und gestritten (mein Lieblingsanteil), und schließlich einigten wir uns auf 30 Führungs-Challenges, aus denen wir ein Kartendeck erstellten. Diese Karten erhielten dann unsere zertifizierten Moderatoren im Rahmen einer Kampagne, die ihre Führungskompetenzen aufbauen und stärken sollte, und die Reaktionen waren phänomenal: Es hagelte Anfragen und Bestellungen weiterer Kartendecks für Kollegen, Freunde und Familienmitglieder. Dieses Interesse brachte mich auf die Idee, die Karten einen Schritt weiter zu führen und offen über meine eigenen Führungserfahrungen und ihre zahllosen Fallstricke zu sprechen.

Zu dieser ursprünglichen Gruppe sehr kluger Menschen gehörten James (Jimmy) McDermott, Megan Thompson, Matt Murdoch, Leigh Stevens, Sue Dathe-Douglass und Michael Elwell. Ich danke jedem von euch für eure begeisterte Unterstützung meiner Bemühungen, eure Führungsideen in meine eigene berufliche Therapie umzuwandeln.

Bob Whitman, Vorstandsmitglied und CEO von FranklinCovey, hat mir dabei geholfen, die Liste der 30 Challenges zu kuratieren, zu reduzieren und zu sortieren. Er unterstützt mich bei all meinen Vorhaben, und er hat von Anfang an an dieses Buch geglaubt. Danke, Bob, für dein beständiges Vertrauen. Es gibt in beruflicher Hinsicht kein besseres Gefühl als zu wissen, dass der Vorgesetzte hinter einem steht. Bob steht immer hinter mir.

Todd Davis, der Chief People Officer von Franklin Covey und

mein persönlicher Jiminy Grille, war mir eine große Hilfe bei der Auswahl der Challenges und der redaktionellen Bearbeitung aller zu großen Enthüllungen. Todd hat mich sanft daran erinnert, dass dieses Buch nicht notwendigerweise ein Ersatz sein muss für den Beichtstuhl – jenen kleinen Raum mit dem Sichtfenster, den ich als Katholik regelmäßig aufsuchen soll. Todd ist die lebende Definition von Freundschaft. Er ist einer der seltenen Menschen, die mehrere Hundert Personen für ihren besten Freund halten. Todd ist unübertrefflich. Wenn Sie seinen Bestseller *Werde besser! 15 bewährte Strategien zum Aufbau effektiver Beziehungen im Job* noch nicht gelesen haben, besorgen Sie ihn sich; das ist ein wunderbarer Leitfaden darüber, was im Leben am wichtigsten ist. Und Todd ist ein umwerfender Keynote Speaker, falls Sie einen brauchen (und ich keine Zeit habe natürlich).

Danke an meine Freunde bei Mango Media, namentlich den Herausgeber und Geschäftsführer Chris McKenney, und an meine liebe Freundin Michelle Lewy, danke euch allen für eure Ermutigung und euer Vertrauen. Ihr beide habt seit unserer ersten Begegnung an mich geglaubt, und ich verspreche euch, mich daran zu erinnern, wenn ich berühmt bin – oder pleite. Danke auch an Scott McKenney: Als wir im Ortanique essen waren, hast du mir ganz besonders Auftrieb gegeben. Ich war mir nicht sicher, ob ich das Buch zu Ende bringen würde, aber du hast mir Mut gemacht. Du hast dich über den Tisch gebeugt und darauf bestanden, dass ich meine Führungsgeschichten erzähle, und das war für mich der Wendepunkt. Nur ein Dummkopf tut nicht, was ein Weiser ihm sagt. Danke, Scott.

Danke dir, MJ Fievre. MJ hat (von mir und aus offensichtlichen Gründen) den Spitznamen »der Samthammer von Miami« bekommen. Wenn MJ redet, halten alle den Mund und hören zu. Damals in den Achtzigern, MJ, wurde das als E.-F.-Hutton-Effekt bezeichnet. (Du bist zu jung, um dich daran zu erinnern, also guck bei Google nach.) Von MJ habe ich zu unterscheiden gelernt, wann schlaue Menschen sprechen und wann weise Menschen etwas mitteilen. MJ ist weise und teilt mit. Und sie ist freundlich. Die Welt braucht mehr MJs. Welches schönere Kompliment könnte man dir machen? Aber was ist mit dieser Besessenheit von Disney World? Mädchen, such dir ein neues Hobby!

An Mitchell Kaplan, den Eigentümer der literarischen Kultstätte Books and Books in Coral Gables, Florida: Alter, du bist so cool. Du bist extrem fleißig, und ich wünschte, ich wäre mehr so wie du. So viele Bereiche deines Lebens faszinieren mich. Du bist Lehrer, Coach und Mentor, risikofreudiger Unternehmer und ein absoluter Crack in Sachen Kunst und Literatur. Du bist Designer, Kurator und ein wunderbarer Ehemann, Vater und Freund. Aber am meisten inspiriert mich dein unerschrockener Überschwang. Deine Nächstenliebe, deine Großzügigkeit und dein Glaube an andere (mich) ist ansteckend. Immer wenn wir uns trennen, möchte ich anderen gegenüber netter und hilfsbereiter sein. Hör nicht auf, deine Liebe zu verströmen, Mitchell. Du bist das, was Dr. Stephen R. Covey als Diener-Anführer bezeichnet hat. Menschen wie dich hat mein anderer persönlicher Held, George H. W. Bush, als »a thousand points of light« (tausend Lichtpunkte) bezeichnet. Und falls jemand von Ihnen diesen Begriff verwirrend findet, googeln Sie mal Mitchell Kaplan. Er ist genau das, was Bush (41. Präsident) meinte.

Ein großes Dankeschön an das Vordenker-Team von Franklin-Covey: Annie Oswald, Zach Kirstensen, Drew Young, Deb Lund und Travis Rust. Es gab so viele Lacher auf dem gemeinsamen Weg, die einem die Schamesröte ins Gesicht treiben könnten! Denkt daran, was in diesem Raum gesagt wurde, bleibt auch in diesem Raum. Bitte.

An unsere Verlegerin Ashley Sandberg: Ich weiß Ihre Freundschaft und Ihr Coaching sehr zu schätzen. Sie sind klug und weise. Das ist das ultimative Kompliment. Und meine Frau mag Sie – das ist selten. Sie kennen einfach jeden, und jeder Einzelne davon verehrt und respektiert Sie. Und das ist eine gute Sache.

Jede erfolgreiche Struktur hat einen Architekten. Sie arbeiten

unbemerkt hinter den Kulissen und schaffen eine bewundernswerte Schönheit, die großen Beifall erzielt. Bei bekannten Werken
kennen wir die Namen ihrer Schöpfer gut: I. M. Pei, Phillip John-
son und Daniel Libeskind (obwohl wahrscheinlich 99 Prozent der
Leute, die vor der Glaspyramide des Louvre Selfies machen, nicht
sagen könnten, wer I. M. Pei ist oder was er mit diesem Meisterwerk zu tun hat).

Um das klar zu sagen: *Leader-Legende statt Management-Muffel*
ist keine Glaspyramide. Aber es hatte einen zielstrebigen Architekten, der hinter den Kulissen tätig war, strukturelle Schwächen
behob, Unebenheiten beseitigte und den Eigentümer (das bin ich)
zu tieferen Erkenntnisse und Lernerfolgen herausforderte. Platte
Clark ist mein Architekt. Ich bin dir dankbar, Platte, für so viel
Freude, Beharrlichkeit und, ja wirklich, die Zuneigung, die du mir
während dieses Weges gezeigt hast. Du warst unverzichtbar für
die Verwirklichung dieses Projekts. Ich freue mich sehr darauf, an
einem weiteren Manuskript mit dir zusammenzuarbeiten, wenn
du das möchtest.

Viele Freunde haben meine Manuskriptentwürfe in den ver-
schiedensten Formaten gelesen. Einige von euch haben mich
besonders unterstützt, und ich werde euch eure Ermutigung nie
vergessen: Nancy Moore, Pat Lucas, Jennifer Stenlake, Claire Chit-
wood, Gary Judd, Juliet Dixon, Kim McNally sowie Valerie und
Barry Boone. Viele andere machten zahllose Anmerkungen und
Vorschläge, und jedem von euch bin ich zutiefst dankbar.

O ja, noch einige – Jon Lofgren, der die Social-Media-Strategie
von FranklinCovey leitet und mir den eigentlichen Anstoß gab,
mit dem Schreiben anzufangen. Danke, Jon, für den Anschub. Und
danke auch an Chuck Farnsworth, den Cowboy, der nie aufhörte,
an mein Potenzial zu glauben, und weiterhin mein größter Fan ist.

Meine Frau erlitt (das ist keine Metapher) mehrere erzwungene
Lesedurchläufe und sorgte dafür, dass die Geschichten der Wahr-
heit entsprechen. Sie ist davon überzeugt, dass dieses Buch meiner
Karriere ein Ende setzt und ich nie wieder eine ordentliche Arbeit

finde. Ich fürchte (hoffe), sie hat recht. Hey, Stephanie, das könnte doch ein neuer Job für uns sein: die Arbeit mit Führungskräften, die gerne etwas bewirken wollen, aber noch ein bisschen Anleitung brauchen. Falls Sie eine dieser Führungskräfte sind, mailen Sie mir unter scott.miller@franklincovey.com. Es wäre mir eine Ehre, vor Ihren Mitarbeitern über Management-Muffel zu sprechen und sie zum Erfolg zu lenken.

SCOTT

Über den Autor

Scott Jeffrey Miller ist Executive Vice President of Thought Leadership bei FranklinCovey Co. und seit 32 Jahren in diesem Unternehmen beschäftigt. Er ist Moderator des von Franklin-Covey gesponserten *On Leadership With Scott Miller,* eines wöchentlichen Webcasts, Podcasts und Newsletters zu Führungsthemen, in dem Interviews mit bekannten Unternehmensgrößen, Autoren und Vordenkern geführt werden und der über  5 Millionen Führungskräfte weltweit erreicht. Außerdem macht er die wöchentliche Radiosendung *Great Life, Great Career With Scott Miller* bei KNRS 105,9 von iHeartMedia. In dieser Sendung und dem dazugehörigen Podcast werden Erkenntnisse und Strategien vorgestellt, die angeregt wurden durch die Führungsprinzipien von FranklinCovey sowie durch Millers berufliche und persönliche Erfahrungen, um den Zuhörern dabei zu helfen, als Führungskräfte erfolgreicher zu werden und ihren persönlichen Leistungslevel zu steigern. Darüber hinaus ist Miller Autor einer wöchentlichen Führungskolumne des *Inc. Magazine.*

Miller leitet die Strategie, Entwicklung und Veröffentlichung der Bücher und gedanklichen Führung von FranklinCovey, die das Rahmenwerk für die weltbekannten Inhalte und Lösungen des Unternehmens bilden. Außerdem ist er Co-Autor von *Everyone Deserves A Great Manager: The 6 Critical Practices for Leading a Team* (Simon & Schuster, 2019).

In seiner vorherigen Position als Executive Vice President of Business Development und Chief Marketing Officer leitete Scott die weltweite Umgestaltung der Marke FranklinCovey. Davor arbeitete er als General Manager of Client Facilitation Services mit Tausenden von Kunden und Moderatoren auf zahlreichen Märkten in über 30 Ländern. Er machte Präsentationen vor Hunderten von Zuhörergruppen quer durch alle Branchen und erzählt gerne von seinem besonderen Weg als ungefilterte Führungskraft in der stark gefilterten Unternehmenskultur von heute.

Miller trat dem Covey Leadership Center 1996 als Kundenpartner in der Bildungsabteilung bei, die auf Grund- und weiterführende Schulen sowie höhere Bildungseinrichtungen spezialisiert ist. Außerdem war er sechs Jahre lang Geschäftsführer der Central Region von FranklinCovey in Chicago.

Seine berufliche Laufbahn startete Miller 1992 in der Disney Development Company (der Immobilienentwicklungsabteilung von Walt Disney Company) als Gründungsmitglied des Entwicklungsteams, das die Stadt Celebration in Florida gestaltete.

Miller und seine Frau wohnen mit ihren drei Söhnen in Salt Lake City, Utah.

THE ULTIMATE COMPETITIVE ADVANTAGE

DER ULTIMATIVE WETTBEWERBSVORTEIL

FranklinCovey ist ein global agierendes Unternehmen und hat sich auf die Steigerung der Organisationsleistung spezialisiert. Wir helfen Organisationen bei der Erzielung von Ergebnissen, die eine Verhaltensänderung erfordern.

Unsere Fachkompetenz erstreckt sich auf sieben Bereiche.

FÜHRUNG

Fördert das Potenzial äußerst erfolgreicher Führungskräfte, die andere zum Erreichen von Ergebnissen bringen.

UMSETZUNG

Versetzt Organisationen in die Lage, Strategien umzusetzen, die eine Verhaltensänderung erfordern.

PRODUKTIVITÄT

Verhilft den Mitarbeitern dazu, hochwertige Entscheidungen zu treffen und sie trotz konkurrierender Prioritäten herausragend umzusetzen.

VERTRAUEN

Schafft eine vertrauensvolle Kultur der Zusammenarbeit und der Verbindlichkeit, die zu größerer Geschwindigkeit und niedrigeren Kosten führt.

VERTRIEBSLEISTUNG

Wandelt die Beziehung zwischen Käufer und Verkäufer, indem den Kunden zum Erfolg verholfen wird.

KUNDENTREUE

Schafft rascheres Wachstum und verbessert die Frontline-Leistung mit präzisen Zahlen zu Kunden- und Mitarbeitertreue.

BILDUNG

Verhilft Schulen zu einem Leistungswandel, indem das Potenzial jedes einzelnen Lehrenden und Lernenden ausgeschöpft wird.

FRANKLINCOVEY
ON LEADERSHIP
WITH
SCOTT MILLER

Der Vice President von FranklinCovey Scott Miller führt
allwöchentlich Interviews mit Vordenkern, Bestsellerautoren und
weltbekannten Experten zu den Themen Organisationskultur,
Führungsentwicklung, Umsetzung und persönliche Produktivität.

Zu den Interviewgästen gehören:

STEPHEN M. R. COVEY

The Speed of Trust®

KORY KOGON

The 5 Choices®

SUSAN CAIN

The Quiet Revolution

LIZ WISEMAN

Multipliers

SETH GODIN

Work that matters
for people that care

DR. DANIEL AMEN

Change your brain,
change your life

Verfolgen Sie die Führungsgespräche unter

FRANKLINCOVEY.COM/ONLEADERSHIP